AF452246

VICENTE RESTREPO

ÉTUDE

SUR

LES MINES D'OR ET D'ARGENT

DE

LA COLOMBIE

Abrégé de la deuxième édition espagnole
avec des notes complémentaires

PAR

Henry JALHAY

VICE-CONSUL DE LA RÉPUBLIQUE DE COLOMBIE
MEMBRE DE LA SOCIÉTÉ DE GÉOGRAPHIE COMMERCIALE DE PARIS

BRUXELLES
IMPRIMERIE DES TRAVAUX PUBLICS, SOCIÉTÉ ANONYME
12a, Rue Trois-Têtes, 12a.

1891

MINES D'OR & D'ARGENT

DE

LA COLOMBIE

VICENTE RESTREPO

ÉTUDE

SUR

LES MINES D'OR ET D'ARGENT

DE

LA COLOMBIE

Abrégé de la deuxième édition espagnole
avec des notes complémentaires

PAR

Henry JALHAY

Vice-consul de la République de Colombie
Membre de la Société de géographie commerciale de Paris

BRUXELLES
IMPRIMERIE DES TRAVAUX PUBLICS, SOCIÉTÉ ANONYME
12a, Rue Trois-Têtes, 12a.

1891

INTRODUCTION

D'un tableau comparatif publié récemment par le ministre du Trésor de Colombie, il résulte que, parmi les seize puissances de l'Amérique latine, la République de Colombie occupe le sixième rang pour la superficie, le quatrième pour la population et le dixième pour l'importance de la dette extérieure. A l'exception du Salvador, c'est le pays où la dette pèse le moins lourdement sur l'habitant, puisqu'elle n'y est que de 15 francs par tête, alors qu'elle est de fr. 31.25 au Vénézuela et de 480 francs dans l'Uruguay. La Colombie vient en huitième ligne pour l'importance des contributions ; la moyenne est de fr. 5.80 par habitant, tandis qu'elle est de fr. 13.10 au Vénézuela et au Mexique, de 45 francs dans la République Argentine, de fr. 87.50 au Costa-Rica et de 87 francs dans l'Uruguay.

Ces détails montrent que la Colombie occupe une position enviable parmi les Etats de l'Amérique latine, en ce qui concerne sa dette extérieure.

Malheureusement, sa situation économique n'est pas en rapport avec ce qui précède, ni avec les nombreux éléments de richesse et de prospérité qu'elle renferme dans son sein ;

depuis quelques années ses exportations ne balancent plus ses importations, de là la crise monétaire qui règne actuellement dans l'ancienne Nouvelle-Grenade.

De tous les pays intertropicaux de l'Amérique, aucun n'a vu, comme la Colombie, diminuer ses exportations dans des proportions aussi considérables, ni rencontré, par suite de sa situation topographique, autant d'obstacles dans l'utilisation des forces que la décadence de ses anciennes industries avait laissées improductives. Quelques mots d'explication nous semblent nécessaires. L'industrie minière a été la première industrie établie dans le pays et celle à laquelle, pendant plus de deux siècles, il a dû exclusivement et son existence et une prospérité relative. A l'époque de la guerre de l'Indépendance (1810-1819), l'industrie et le commerce de la Colombie étaient encore dans un état déplorable : l'agriculture, livrée à la routine, ne suffisait à peine qu'à la consommation du pays ; les richesses végétales des forêts (à l'exception du quinquina, qui commença à être exporté vers 1784 et dont l'exportation était déjà, en 1788, de 257.000 pesos) commençaient à peine à être connues ; et les 3.000.000 de pesos que produisaient alors les mines d'or et d'argent étaient comme le système artériel portant un sang généreux dans toutes les parties du corps social. L'abolition de l'esclavage, en 1851, donna un coup terrible à l'exploitation des mines ; le dédain général que l'on professa depuis lors pour ce genre d'industrie, acheva bientôt de la ruiner. Ceci s'explique par le fait que l'or et l'argent n'étaient plus comme autrefois les seuls articles d'échange avec l'Étranger ; depuis quelque temps, les Colombiens se livraient avec succès à la culture du tabac, du coton, du café, exportant, en même temps que ces produits, le quinquina, le caoutchouc, les bois de toutes espèces, les baumes, etc., dont regorgeaient leurs forêts, et en 1881 la Colombie atteignit l'apogée de sa prospérité commerciale : ses exportations s'élevèrent alors à 18.514.116 pesos. L'année suivante, la crise monétaire qui règne aujourd'hui commença à se faire sentir. La concurrence faite aux produits colombiens, sur les marchés européens, par les Indes, les États-Unis, le Brésil et l'Amérique centrale, les fit tomber à des prix infimes. Dans la lutte commerciale et industrielle où elle était engagée, la Colombie devait fatalement succomber ; son outillage était défectueux: elle n'avait pas de chemins de fer pour transporter à la côte les produits de son sol: des tarifs douaniers, en outre, la réduisirent à l'impuissance. C'est ainsi que le tabac, autrefois un des principaux articles d'exportation, ne se cultive plus guère aujourd'hui que pour la consommation du pays; des droits de douane élevés lui ont fermé les marchés étrangers. L'exportation du quinquina est presque nulle: alors que les envois de ce produit en Angleterre, le principal débouché, étaient de 5.839.000 kilog. en 1886, de 620.773 en 1887, ils n'étaient plus que de 220.832 kilog. en 1888. Pour apprécier l'importance qu'avait autrefois, sur les marchés, la Colombie, comme pays producteur du quinquina, il suffira de rappeler que la quinine, un composé du quinquina, qui ne se vendait, en 1870, que 6 shillings 9 pence l'once, montait en 1877 à 16 shillings 6 pence, parce que l'exportation du quinquina avait été interrompue en Colombie par la guerre civile et les difficultés de navigation sur le Magdalena.

Des essais de culture de cette plante que l'Angleterre et la Hollande firent aux Indes, en 1862, furent couronnés d'un tel succès que la production du quinquina dans l'île de Ceylan, augmentant d'année en année, atteignit, de 1885 à 1886, 15.364.912 livres, et que les exportations de Java, dans le même article, dépassèrent, en 1887, 2.200.000 livres. La baisse rapide du prix du quinquina fut la conséquence de cette immense production: d'autres circonstances encore contribuèrent à la dépréciation du quinquina américain: d'abord, il ne donnait généralement que 2 p. c. de sulfate, tandis que celui de Ceylan et de Java, grâce à la culture, en donne de 8 à 12; ensuite, des procédés nouveaux et plus économiques permettent d'obtenir aujourd'hui, à moins de frais, et dans l'espace de trois à cinq jours, une quantité plus grande de quinquina qu'autrefois en vingt jours.

Le coton et l'indigo, dont les exportations étaient jadis d'une certaine importance, ne se cultivent plus aujourd'hui.

Le caoutchouc s'exporte en quantités beaucoup moins grandes: des forêts pleines de ce végétal, les unes ont été épuisées par l'imprévoyance et l'avarice, les autres se trouvent trop éloignées des voies de communications.

La culture du café avait pris un développement extraordinaire; après la ruine du commerce du quinquina, il était

devenu le principal article d'exportation, mais, de même
que les cuirs et tous les produits naturels que la Colombie
exporte, il a subi sur le marché une grande dépréciation par
suite de la concurrence des pays qui le produisent à meilleur
compte.

Pour remédier à cette situation, le Gouvernement favorise,
depuis quelques années, de tout son pouvoir et par tous les
moyens, le développement de l'agriculture et de l'industrie
minière.

La préoccupation actuelle, vive et constante, du gouvernement colombien, c'est de construire des chemins de fer
qui permettraient de transporter à la côte, pour être exportés
à l'Étranger, les produits de l'intérieur et d'importer les
lourdes machines nécessaires au développement de ses
industries: aussi, sur tous les points du pays travaille-t-on
à l'achèvement de voies ferrées qu'on a jadis commencées,
ainsi qu'à la construction de nouvelles lignes qui traverseront
des contrées industrielles très peuplées: nul doute que le
jour où tous ces chemins de fer sillonneront la Colombie, sa
fortune ne change complétement et que ce pays n'atteigne le
degré de développement et de prospérité que lui assigne la
nature de son sol. En effet, sous des climats tempérés,
propres à toutes les cultures, ses plaines sont extrêmement
fertiles: des forêts riches d'essences et de plantes précieuses
couvrent ses montagnes, et les flancs de celles-ci sont
veinés, en abondance, de filons d'or et d'argent. En attendant,
les Colombiens, convaincus que l'agriculture, qu'ils avaient
toujours négligée, est une des sources vives de leur vie
économique, se sont remis à la culture du café, dont la
production est montée de 6,651,835 kilog. en 1887 à
8,110,218 kilog. en 1888. Ils s'appliquent aussi à celle du
cacao, à l'élève du bétail, à l'exploitation des richesses
forestières et à celle des mines d'or et d'argent. De l'avis des
économistes colombiens les plus compétents, les mines d'or
et d'argent doivent être considérées comme le principal
élément de prospérité de leur patrie. Dans tous les départements du pays, on signale un véritable enthousiasme pour
les entreprises de mines: les capitalistes étrangers s'y
intéressent sérieusement et la production va en augmentant, à preuve que les exportations des produits minéraux
(or, argent et platine) qui étaient, en 1887, d'environ

300.000 kilog., montaient, en 1888, au delà de 500,000 kilog. et, en 1889, atteignaient plus de 700,000 kilog. Le résultat de cette reprise des exploitations agricoles et minières se manifeste dans l'amélioration notable de la situation économique de la Colombie : ces trois dernières années, ses exportations ont progressé et il y a eu augmentation des recettes dans presque toutes les sources de revenus.

Afin de montrer le rôle important qui est dévolu à l'industrie minière dans la vie économique de ce pays, nous avons cru bien faire de donner, en langue française, un abrégé de l'ouvrage de M. Vicente Restrepo : *Estudio sobre las minas de oro y de plata de Colombia.*

Cette monographie remarquable, fruit de longues et consciencieuses recherches, et à laquelle la presse des deux Amériques a rendu un hommage mérité, jette une vive lumière sur la situation passée et présente de l'industrie principale de la Colombie, ainsi que sur l'avenir brillant qui lui est réservé; cet ouvrage, par sa grande compétence et sa sincérité, est de nature à engager les capitalistes à s'intéresser aux entreprises minières de l'ancienne Nouvelle-Grenade. Quiconque le lira attentivement restera convaincu qu'un jour viendra où la Colombie, comme le Mexique, le Brésil, le Pérou et le Chili, devra une grande partie de sa prospérité à l'exploitation de ses mines. Et ainsi se confirmeront les paroles prophétiques de M. le Dr Rafael Nûnez, l'éminent homme d'État qui préside actuellement aux destinées de la Colombie : *La redencion económica de Colombia solo puede venir de la mineria como base de lo demas.*

Bruxelles, 30 mai 1891.

HENRY JALHAY,

Vice-consul de la République de Colombie.

ÉTUDE

SUR

LES MINES D'OR ET D'ARGENT
DE LA COLOMBIE

La richesse minière de la Colombie.

La Colombie occupe une position admirable : par ses côtes étendues, baignées par deux grands océans, elle commande l'entrée de l'Amérique méridionale ; l'isthme de Panama la met en communication rapide avec le monde entier.

Le nœud formé par la grande chaîne des Andes se dénoue, en pénétrant par le Sud du pays, pour former trois Cordillères qui dominent la Colombie et dont les entrailles recèlent partout de riches métaux et des pierres précieuses. De nombreuses rivières prennent leur source dans leurs flancs et arrosent de fertiles vallées. La Cordillère occidentale forme jusqu'à la côte du Pacifique, dans les régions renommées du Chocó et de Barbacoas, une immense couche d'alluvions d'or et de platine d'une richesse inépuisable.

Entre la Cordillère occidentale et celle du centre, le Rio Cauca roule ses eaux sur des sables aurifères ; à l'est de la Cordillère centrale, et sur une ligne parallèle, se trouvent les riches mines d'argent de Mariquita, d'Ibagué et de San-Sebastian de la Plata. Cette chaîne des Andes pénètre dans le département d'Antioquia, où elle se divise et se subdivise ; parmi les rivières qui sortent de ces ramifications, plusieurs cachent dans leur lit de grandes quantités d'or ; tels le Porce et le Nechi ; les flancs des montagnes montrent des affleurements de filons aurifères sans nombre.

Le grand fleuve Magdalena sépare la Cordillère centrale de la Cordillère orientale. Cette dernière est bien moins riche que ses deux sœurs. Il y a pourtant des alluvions d'or dans le Sud et le centre du

Tolima et dans le département de Santander, où se trouvent les célèbres filons d'or et d'argent de Alta, Baja et Vetas. De plus, c'est dans les montagnes de ce dernier département que sont les mines de Muzo, qui, de l'avis unanime, produisent les plus belles émeraudes du monde, comme couleur et comme pureté.

L'or constitue la principale richesse de notre sol. Nous possédons d'immenses placers et de féconds filons rivalisant, sous le rapport de la formation géologique et de la richesse, avec ceux des autres pays.

L'argent est beaucoup moins abondant; la quantité extraite, comparativement à l'or, est à peine dans la proportion de 5 à 100. Le platine vient en dernier lieu.

Notons ci-après les appréciations d'un écrivain d'une compétence incontestable, le Dr José Manuel Restrepo : « Les mines d'or » d'Antioquia et des autres provinces de la Colombie n'exigent pour » la séparation du métal, ni beaucoup de capitaux, ni des connais- » sances techniques. L'or se trouve natif, sans autre travail que celui » de pulvériser le minerai et de laver le métal recueilli. On peut » donc affirmer que les capitaux colombiens ou étrangers, placés dans » l'exploitation de nos nombreuses mines d'or, produiraient des » bénéfices considérables, surtout si les ouvrages souterrains étaient » dirigés par des étrangers experts dans les travaux des mines.

» Les meilleures mines de Colombie sont situées, pour la plupart, » dans des régions dont le climat est froid ou tempéré et où les » vivres sont abondants. »

Nous extrayons d'une lettre adressée à Mr de Stuers par le même écrivain, les passages suivants : « Les mines de la Colombie sont en » grande partie encore vierges; si les capitalistes européens s'inté- » ressaient à leur exploitation, aidés de mineurs expérimentés, ils » réaliseraient des bénéfices immenses; mais il faut procéder avec » économie et éviter les installations coûteuses, écueil auquel se sont » heurtées les compagnies anglaises. Il y a, dans le pays, des ouvriers » contents d'un modique salaire; il faudrait surtout des directeurs » à même d'initier les indigènes aux différentes opérations de » l'industrie minière. Si, depuis la découverte de l'Amérique, et par » le procédé primitif des Indiens, consistant à broyer le minerai » pour en extraire l'or, nos mines ont beaucoup produit, quelle ne » serait pas leur production, si on faisait usage de moulins et de » l'outillage perfectionné de l'industrie européenne? »

Si la Colombie est riche en métaux précieux, elle ne l'est pas moins en métaux utiles, et en d'autres produits du règne minéral. Le fer, le cuivre, le plomb, l'antimoine, le zinc, l'arsenic, la houille, le sel gemme, le souffre, les émeraudes, etc., s'y trouvent en grande abondance. Nous avons également de nombreuses sources d'eaux minérales, de pétrole, etc. Dans les sables du Rio Platayaco, dans le Caqueta, on trouve beaucoup de rubis et de saphirs, et l'on rencontre de belles améthystes dans le district de la Plata.

Certes, à toutes les époques, il s'est trouvé des économistes colombiens qui se sont efforcés de détourner leurs compatriotes du travail des mines; mais il faut bien reconnaître qu'ils méconnaissaient ainsi la principale source de richesse dont nous a dotés la Providence. D'ailleurs, le bon sens public a fait justice de leurs idées préconçues, et partout où des mines d'or et d'argent ont pu facilement être exploitées, des travaux ont été entrepris. Si la production de nos mines est beaucoup inférieure à ce qu'elle devrait être, il faut en attribuer la cause à notre population restreinte, au manque de capitaux, aux mauvaises voies de communication, à nos gouvernants, qui ont créé des écoles d'art militaire, d'agriculture, de médecine, de sciences naturelles, de droit, mais ont négligé cette branche d'industrie.

Malgré ces difficultés, l'industrie minière progresse notablement en Colombie. Jamais on n'aura autant parlé de mines que ces dernières années, et il se produit fréquemment aujourd'hui un fait très rare autrefois : l'exploitation d'une mine avec des capitaux étrangers. Tous les pays ont leurs époques de crise, et celle que traverse aujourd'hui la Colombie préoccupe avec raison les citoyens qui s'intéressent à la prospérité de leur patrie. La récolte du quinquina devient chaque jour plus coûteuse et plus difficile, les arbres qui produisent cette écorce, ne se trouvant plus que loin des centres habités et des fleuves navigables; de plus, son prix a considérablement baissé à l'Étranger. Il en est de même du café. Le caoutchouc ne se rencontre plus guère que dans les régions lointaines et désertes.

Les produits d'exportation, avec lesquels nous payions nos importations, commençant à faire défaut, il ne nous reste d'autre ressource que d'exploiter les richesses inépuisables en métaux précieux que cache notre sol. Nous avons de riches mines d'or d'alluvions et de filons dans les départements d'Antioquia, Cauca, Panamá, Tolima, Bolivar et Santander et de bonnes mines d'argent dans le Cauca, le Tolima et le Santander. Oublions notre inertie première et livrons-nous sérieusement à l'étude et au traitement de nos minéraux.

Jamais les circonstances n'ont été aussi propices. D'ailleurs, si nous ne tirons parti de nos mines, avec quoi payerons-nous nos importations à l'avenir? Pour nous engager à exploiter nos richesses minérales, les exemples ne manquent pas autour de nous : le Mexique est redevable de son opulence à ses mines d'argent; le Brésil, le Pérou et le Chili doivent leur rapide développement à la même cause ; dans notre pays, le département d'Antioquia puise sa richesse et sa prospérité dans l'or qui s'extrait de son sol.

DÉPARTEMENT D'ANTIOQUIA

Le sol d'Antioquia, le plus accidenté de toute la Colombie, est riche en or dans toute son étendue. Les montagnes sont traversées par des filons sans nombre et les bords de ses fleuves forment une suite ininterrompue d'alluvions aurifères. C'est à peine s'il existe un ruisseau, une rivière ou un fleuve qui ne renferme le précieux métal. La région arrosée par le Porce, le Néchi et leurs affluents, est incontestablement la plus riche.

Santa-Rosa occupe une colline formée d'alluvions d'or fin. On voit dans les rues de Remedios de larges filons de quartz aurifère. Zaragoza, Zea, Cruces, Anori, Campamento, Yarumal, Angostura et Amalfi, sont entourés de riches placers en exploitation.

On extrait de cette opulente région du Nord plus de la moitié de l'or produit par le département.

Les aborigènes d'Antioquia exploitèrent la plupart des mines d'or connues de nos jours, bien qu'ils ne disposassent que d'outils de pierre et de bois très imparfaits.

Pour extraire l'or des filons, ils creusaient des puits de forme circulaire, jusqu'à ce qu'ils eussent coupé la veine, et descendaient parfois ainsi à de grandes profondeurs.

Plusieurs méthodes d'extraction encore en usage aujourd'hui, et dont nous parlons dans un autre chapitre, furent employées par les aborigènes. A toutes les époques, on a trouvé beaucoup d'idoles et d'ornements en or dans les sépultures des Indiens, et particulièrement à Medellin, Yarumal, Angostura, Anori, Caramanta, etc.; malheureusement, les objets les plus curieux ont été fondus, pour la plupart, ou dispersés.

Les Espagnols aussitôt, après avoir conquis Antioquia et y avoir fondé quelques villes, se mirent à en exploiter les riches placers aurifères ; car, pour nous servir des termes d'un chroniqueur, Fray Pedro Simòn, la terre regorgeait d'or et paraissait ne plus vouloir le garder dans ses entrailles.

Citons quelques chroniqueurs contemporains et dignes de foi :

De Arma dit qu'il a vu les Indiens d'Antioquia couverts d'or des pieds à la tête, et les nègres employés aux mines rapporter chacun journellement deux ou trois ducats à leur maître.

Don Francisco Silvestre, gouverneur d'Antioquia, dans un rapport (1776) sur les mines de Buritica, abandonnées à cette époque, s'exprime ainsi : « Les quelques mines qui y ont été exploitées produisaient l'or nécessaire (300 livres) à la solde des soldats qui défendaient les esclaves contre les attaques des Indiens barbares. »

La colline de Buritica, suivant tous les historiens de l'époque, était une petite Californie; aussi, don Francisco Silvestre, de même que son prédécesseur, le baron de Chaves, se proposèrent-ils d'en reprendre l'exploitation, mais ils renoncèrent bientôt à leur projet en présence des difficultés et des frais. Les filons sont étroits, mais très riches; il faudrait dépenser quelques milliers de pesos pour amener l'eau à la colline. Si Buritica justifie la réputation qu'elle a dans le passé, ce qu'il serait facile de faire examiner par un ingénieur, nous ne comprenons pas qu'il ne se trouve pas un capitaliste entreprenant pour en tenter de nouveau l'exploitation. Les hommes d'aujourd'hui ne pourraient-ils refaire ce que fit une femme à la fin du xviie siècle? La tradition dit que Dona Maria del Centeno fit venir l'eau, à grands frais, au sommet de la colline de Buritica, et acquit ainsi une fortune considérable.

Dans le nord du département, Cáceres produisit énormément d'or. Le chroniqueur Pedro Simón évaluait à 1,800,000 pesos (soit 9,000,000 francs) la valeur de l'or extrait de ses mines de 1580 à 1618.

Lorsque don Gaspar de Rodas, gouverneur d'Antioquia, pénétra dans la région occupée par les Indiens Yamesies, qui habitaient les bords du Porce, les soldats espagnols obtinrent d'eux 30 piastres d'or (150 francs) pour une livre de sel, 70 piastres pour une hache, 6 piastres pour une aiguille et autant d'or en proportion pour d'autres menus objets. Cette richesse des Yamesies engagea Rodas à fonder sur leur territoire la ville de Zaragoza (1581).

On découvrit tant d'or, aux environs de cette ville, que beaucoup de propriétaires de mines de la province de Veragua (isthme de Panama) vinrent s'y établir avec leurs esclaves et y acquirent de grandes richesses.

L'historien que nous venons de citer estime à 23,000 livres d'or, représentant une valeur de 6 millions de pesos (30 millions de francs) la production des mines de Zaragoza de 1602 à 1620.

Le Porce confond ses eaux avec celles du Néchi, non loin de Zaragoza ; il y a trois siècles que les alluvions de ces deux fleuves, les plus riches de l'Antioquia, sont exploitées. Il serait difficile d'évaluer la quantité d'or qui en a été extraite ; dans tous les cas, cette quantité ne serait rien comparativement à celle que le fleuve détient encore dans son lit et sur ses rives. « Le Porce, dit M. Manuel Uribe, est le grand dépôt aurifère d'Antioquia ; les exploitations établies sur ses bords donnent de grands bénéfices. Comme richesse le Néchi, vaut le Porce, s'il ne lui est pas supérieur. »

Un métis, Pedro Martin Davila, aidé de quelques Indiens, se mit à exploiter quelques mines, abandonnées des aborigènes et situées sur une colline, à une demi-lieue du Néchi. Le résultat obtenu l'engagea à amener les eaux à mi-côte de la colline, ce qui lui permit de voir monter sa fortune à 160,000 pesos en quelques jours.

La richesse des sables du Néchi avait attiré l'attention du gouvernement espagnol, qui chargea en 1634 le gouverneur d'Antioquia, don Alonso Tarillo de Yebra, de dessécher cette rivière, mais celui-ci ne put exécuter ce projet, pas plus que son successeur, le marquis Quintana de las Torres.

Les placers de Remedios étaient d'une richesse inouïe. Suivant Pedro Simon, les Indiens trouvèrent dans le sable des poignées de pépites d'or. Vingt Espagnols, qui s'y établirent, eurent bientôt occupés aux mines, 2,000 esclaves, qui leur rapportaient, au minimum, 10 piastres par semaine ; un grand nombre d'entre eux produisaient cette somme par jour, et quelques-uns même 30, 40, 100 et jusqu'à 500 piastres en une seule journée de travail.

L'historien que nous venons de citer, évalue à 6 millions de pesos la production des mines de Remedios, de 1594 à 1620.

Dans les premiers temps de la domination espagnole, ceux qui exploitèrent les mines en retirèrent d'immenses richesses. Il y avait des placers si riches, qu'il suffisait de se baisser, de ramasser la terre et de la laver dans des baquets pour recueillir le précieux métal. Il semblait, comme disaient les habitants de Remedios, que la terre eût fait testament en leur faveur, leur léguant toutes ses richesses.

L'industrie minière ne progressa que d'une façon très lente pendant le cours du xviie siècle. Le nombre des colons était très limité, et le climat malsain de quelques centres miniers, tels que Zaragoza, faisait beaucoup de victimes.

On continua pourtant à exploiter avec profit les alluvions des rives du Cauca, du Porce, du Néchi et de divers affluents de ces deux derniers cours d'eau.

M. Manuel Uribe dit dans sa *Geografía general de Antioquia* : « Au commencement du xviii° siècle, quelques habitants de la vallée de Aburra (Medellin) allèrent s'établir dans la vallée solitaire de los Osos, afin d'y chercher l'or. San-Pedro, puis Belmira, furent explorés, de même que les lits et les bords des rivières Rio-Chico et Rio-Grande, qui donnèrent de grandes quantités d'or. »

Les recherches faites dans le nord de la vallée de los Osos eurent les meilleurs résultats, et la ville de Santa-Rosa, qu'on y fonda, devint, bientôt pour l'extraction de l'or, l'un des centres les plus riches du département.

En 1776, l'or en poudre servait de monnaie légale en Antioquia, et le nombre des nègres employés aux mines était de 4,896.

En 1800, on exploitait encore quelques mines à Titiribi, Amaga, Santa-Rosa et à Dolores. Jusqu'à cette époque on n'avait pas encore fait usage de moulin ni de mercure en Antioquia ; le minerai était simplement broyé entre deux pierres.

L'exploitation des mines continua pendant la guerre de l'Indépendance, mais avec moins d'activité ; les événements politiques n'eurent pas en Antioquia les conséquences désastreuses qu'ils eurent dans le Chocó et à Barbacoas.

L'abolition de l'esclavage (1851) ne bouleversa pas non plus, outre mesure, le département d'Antioquia, et pour les motifs suivants : les propriétaires de mines qui possédaient des nègres y étaient peu nombreux, celui qui en avait le plus en comptait à peine cent ; les 5/6 des mineurs étaient des *mazamorreros* ou mineurs libres. De plus, les nègres étaient bien traités par leurs maîtres ; aussi, quand ils reçurent leur liberté, ils continuèrent à travailler.

La production d'or, qui était dans les premières années de ce siècle de 6,250,000 francs, montait en 1858 à 7,500,000, et en 1882 à 13,500,000.

M. Jean Boussingault, qui parcourut la province d'Antioquia en 1825, écrivait au docteur José Manuel Restrepo : « Je me trouve » ici déjà depuis quelque temps, et j'ai visité les mines de Titiribi, » de Buritica et de Santa-Rosa. Celles de Titiribi et de Buritica » m'ont plû, mais je préfère celles de la Vega de Supia. A Titiribi » et à Buritica, les travaux exécutés ne permettent pas aussi bien » qu'à Supia d'avoir une idée positive de la richesse du minerai ; » néanmoins, j'ai une excellente opinion des mines d'Antioquia, et » je suis convaincu que le sol de cette province est identique à celui » du Mexique et de la Hongrie... Dans aucune autre partie du pays, » je ne me suis plû comme ici, et je vous assure que si Paris n'existait

» pas, je me déciderais à vivre à Medellin, dont le climat est délicieux
» et les habitants de relations excessivement agréables. »

En 1826 et 1827, fût créée la Société minière d'Antioquia à
Santa-Rosa, qui, la première, employa les moulins à pilons ou
bocards; peu de temps après, ces moulins étaient répandus dans
toute la province, surtout à Amalfi (la Clara, Vetilla, San-Jorge), à
Remedios (Bolivia, Cristales et San-Nicolas), à Santa-Rosa (la Trinidad,
Cruces, etc., à Titiribi (le Zancudo, Otra-Mina, etc.), à Concepcion
(el Criadero, etc.), à Santo-Domingo, San-Pedro, Sonson, et Frontino, etc.

Vers 1824, quelques mines à filons d'or furent exploitées avec
grand succès à Anori; une d'elles, celle de Santa-Ana, fut de 1836
à 1845 l'exploitation la plus importante de la province; elle produisait
quotidiennement de 3 à 4 livres d'or.

A la même époque, de grandes quantités d'or furent extraites du
Porce, de ses principaux affluents, du Nechi, du Cauca, du San
Juan, du Nare, du Nus et d'une foule d'autres placers aurifères.

Malgré l'introduction des moulins à pilons et d'autres machines,
l'industrie minière ne se développait guère en Antioquia; mais, à
partir de 1850, elle entra dans une ère de progrès constants, dont
nous allons signaler les étapes successives.

En 1851, un Anglais, M. Tyrell Moore, créa la *Hacienda de
fundicion de Titiribi*, grande fonderie destinée à la fusion des résidus
pyriteux aurifères et argentifères des mines du Zancudo et de los
Chorros, situées à Titiribi. Cette entreprise n'eut pas le succès que
l'on en attendait, les minerais du Zancudo lui ayant fait défaut. Les
propriétaires de cette dernière mine créèrent pour leur compte une
autre fonderie que dirigea un métallurgiste allemand, M. Paschke.
Cet établissement a prospéré, sous la direction d'un Colombien,
M. Ildefonso Gutierrez, au point d'être aujourd'hui le plus important
du département. Sa valeur est estimée à près de 30 millions de
francs; il compte plus de 200 pilons en activité pour le broyage des
minerais; 16 fourneaux à réverbère pour la calcination; 7 grands
fourneaux de Galles pour la première fonte; 8 fourneaux pour
l'imbibition et 3 de coupelle. On bocarde par mois de 70 à 80,000
quintaux de minerai, qui donnent un rendement approximatif de
200,000 francs en argent aurifère contenant à peu près 7 p. c. d'or.

En 1852, le Dr Florentino Gonzalez acheta pour compte d'une
compagnie anglaise, *the Frontino and Bolivia Cº Limited*, la mine
de Frontino, dans le district de ce nom et plusieurs autres dans le
district de Remedios. Cette compagnie eut à subir maint contre-

temps, faute d'une bonne direction ; depuis, grâce à la sage administration de M. R. White, elle a réalisé de beaux bénéfices.

Par décret du 28 mai 1862, le Dr Marceliano Velez créa la Monnaie de Medellin. Cet établissement, où a été monnayé l'argent produit par les mines de Supia, a frappé, jusqu'au mois de mai 1887, en argent pour s 4,221,241, et en or pour S 2,453,035.

Sous l'administration du Dr Pedro Justo Berrio, les lois sur les mines furent réunies en code ; on créa des chaires de chimie, de géologie et de métallurgie, une école des arts, etc.

Il fut fondé à Medellin, en 1858, par MM. Vicente et Pastor Restrepo, un laboratoire pour la fonte et l'essai des métaux précieux, ainsi que pour l'étude des minérais.

En même temps qu'on faisait toutes ces améliorations, l'industrie minière suivait sa marche ascendante. La région du nord-est se peuplait, et, malgré le climat ardent et quelque peu malsain de certaines localités, sa population se doublait en 23 ans. On exploitait à Remedios de nouvelles mines qui donnaient de bons rendements. Celle de Sucre rapportait, en peu d'années, un million de francs. Celle de Cristales produisait en un mois 104 livres d'or. On découvrait des filons, que l'on exploite encore aujourd'hui à Cruces de Zea, Girardota, Andès et dans d'autres localités. Les placers aurifères du Nechi, ainsi que ceux du Caterci et du Tenche, ses affluents, donnaient une assez grande quantité d'or. Le Porce, le Pactole inépuisable d'Antioquia, produisait, pour le seul travail d'été, de 45 à 110 kilogrammes d'or. Le barrage de la Trinitacita, un affluent du Porce, donnait, en 2 mois, 142 livres d'or pour une dépense de 8,000 francs, soit un bénéfice de 155,000 francs.

D'un autre côté, on introduisit, peu à peu, des perfectionnements dans les méthodes d'extraction, dans le travail des galeries et des puits, etc. On établit des rails pour le transport des minérais aux moulins, et des câbles en fil d'acier pour éviter les détours qu'occasionnaient les précipices et les crevasses.

Dans ces derniers temps, on a employé avec succès les machines hydrauliques de la Californie (monitors), pour le traitement des alluvions.

Aucune entreprise ne nous plaît davantage que celle de l'exploitation des sables aurifères des fleuves au moyen des dragues ; seulement, celles-ci doivent être choisies avec discernement ; si l'on réussit à faire manœuvrer une drague efficacement, on extraira du Nechi, de l'Atrato, du San Juan, du Telembi, du Cauca, du Nare, du Saldana et de beaucoup d'autres cours d'eau de la Colombie, des quantités d'or énormes; ce serait, pour ainsi dire, la découverte d'une nouvelle Californie.

En 1880 et 1881, il s'établit à Medellin deux nouveaux laboratoires, pour l'essai des minéraux, dirigés, l'un par M. Jenaro Gutierrez, l'autre, par MM. Ospinas. M. Pastor Restrepo fonda à Medellin, également, en 1885, un atelier d'affinage de l'or et de l'argent, où il appliqua la méthode ingénieuse de l'électrolyse.

Les explorations faites, ces derniers temps, dans le département, ont fait découvrir de nouveaux et nombreux filons aurifères. Quelques mines exploitées à Manizales donnent de beaux rendements. La mine de San-Rafael, dans le district del Jardin, a produit récemment 52 livres d'or en 18 jours. Les travaux de barrage du Rio Nus ont amené la découverte de filons de quartz aurifère.

Les progrès de l'industrie minière, jusqu'à présent assez lents, seront certainement plus rapides, lorsque les lignes de chemins de fer, qui relieront le département d'Antioquia au Rio Magdalena et au Pacifique, seront terminées, et lorsque l'on aura donné à l'École des mines, fondée à Medellin en 1888, le développement nécessaire pour former des ingénieurs à même de diriger des exploitations avec intelligence et succès.

L'or dans le département d'Antioquia.

I

La ramification de la Cordillère des Andes, qui pénètre dans le département d'Antioquia, se subdivise en de nombreux rameaux; il en résulte que le sol est très accidenté et très montagneux. Les montagnes sont traversées partout par des filons sans nombre, et les lits des rivières et des ruisseaux forment une suite ininterrompue d'alluvions aurifères.

La formation géologique de cette région, ses communications difficiles avec les autres départements de la République et avec l'Étranger, son sol d'une fertilité limitée, sont autant de circonstances qui concourent à faire des habitants du département une population de mineurs. Aussi, l'industrie minière a-t-elle été de longue date, et sera-t-elle longtemps encore la principale industrie du pays.

Le voyageur qui parcourt le département trouve partout des vestiges anciens de travaux de mines; l'homme y a torturé sans trêve les entrailles de la terre, cherchant le précieux métal, et il a laissé des traces de ses laborieuses recherches jusque dans les forêts les plus sauvages et les plus éloignées.

Il y a plus de trois siècles que les mines d'or et d'argent sont exploitées en Antioquia ; leur production, depuis la conquête, peut être estimée à 250,000,000 de piastres. Néanmoins, les veines d'or abondent encore dans son sol, et il y a encore de grandes parties de territoire désertes et presque inconnues, en particulier dans le Nord.

On calcule que les deux tiers de l'or d'Antioquia proviennent des dépôts d'alluvions et des sables de nombreux fleuves et cours d'eau. L'autre tiers est fourni par les filons et veines qui se trouvent dans le granit, les porphyres de feldspath, la syénite, la diorite ou grunstein, le micaschiste, le talschiste et le chiste argileux. La gangue ordinaire de l'or est le quartz, soit seul, soit en association avec un ou plusieurs sulfures métalliques, tels que la pyrite de fer, qui est la plus abondante, la pyrite de cuivre, la pyrite d'arsenic, le blende. La galène et le molybdate de plomb entrent fréquemment dans ces associations, mais en petites quantités.

Les sulfures de cuivre, d'antimoine, de bismuth et d'argent ne se rencontrent qu'accidentellement, et le sulfure de molybdène et l'argent rouge en de très rares occasions.

Dans quelques districts, à Titiribi, la dolomie et le carbonate de sel accompagnent le quartz.

Le quartz des filons est plus ou moins compacte, cellulaire ou à trous. Dans quelques districts (à Remedios et San-Pedro), il semble qu'il ait été soumis à l'action du feu, tant il est altéré, granuleux et friable, au point de s'effriter entre les doigts.

Le quartz a parfois la forme de table (tabular), et, dans ce cas, l'or natif se trouve dans la fracture des tables.

Les agents atmosphériques ont beaucoup facilité le travail de l'homme, en décomposant et en désagrégeant à une profondeur considérable le granit et le porphyre felspathique et en oxydant le soufre des pyrites qui ont passé à l'état d'oxyde de fer.

II

Les filons sont, en général, de deux espèces, suivant la position qu'ils occupent ; les uns forment un angle de 45° ou sont plus ou moins verticaux et sont appelés *vetas de cajon* ; les autres appelés *vetas de manto*, forment une couche horizontale qui suit les sinuosités du terrain où ils se trouvent. A la première espèce appartiennent la plupart des mines du département; à la seconde, celles de Remedios, du Zancudo et de Titiribi.

La largeur des filons est très variable; généralement, elle est de 20 centimètres à 2 mètres.

Dans quelques mines (Rio Dulce, Nechi et Combia), l'or se trouve dans le porphyre feldspathique, dans un amas de petites veines de quelques millimètres d'épaisseur, souvent très riches.

La richesse des filons est très variable et généralement devient moindre, à mesure que les travaux sont poussés dans le sens de la profondeur.

Comme filons d'une richesse peu variable, il faut citer en première ligne, ceux des mines du Zancudo, de la Constancia et de Cristales.

Les filons se divisent en groupes distincts formant de véritables districts miniers, dont les quatre principaux sont : Titiribi, Remedios, Anori et Zea. Chaque groupe a son caractère de formation, de composition, etc., qui lui est propre et le distingue des autres.

III

Les alluvions aurifères d'Antioquia, d'ancienne origine, peuvent se diviser en quatre classes : 1° les dépôts alluviaux du lit actuel des eaux courantes; 2° les rives basses formées par l'ancien lit des eaux; 3° les rives hautes formées par l'approfondissement du lit du fleuve; 4° les mines de montagne, situées sur de petits plateaux, à un niveau supérieur à celui des eaux. Dans toutes, l'or repose sur le roc, sous des couches successives de sable, plus ou moins épaisses.

Les alluvions modernes sont formées par les sables aurifères que roulent les nombreux fleuves et cours d'eaux.

IV

L'or se rencontre dans les filons sous diverses formes : généralement, il est en petits grains, qui tombent en poussière. L'or, très visible dans le quartz, est presque toujours invisible dans les pyrites. Il est très rare de rencontrer une pépite de forme régulière ; citons, comme exception, celle qu'on a trouvée dans la mine del Coco, à Remedios, en 1868 : elle pesait avec sa gangue de quartz 1,800 grammes et renfermait 1,110 grammes de métal.

L'or en pépites allongées et larges ou en filaments entrelacés se rencontre dans peu de mines à filons. Dans le quartz, l'or se trouve ordinairement en feuilles minces formant parfois des infiltrations nombreuses à travers le quartz, qu'elles enveloppent comme d'un filet.

V

L'or d'alluvions présente plus de variétés dans ses formes, depuis la poudre fine, en passant par le grain plus ou moins lamelleux, arrondi, anguleux, cristallisé jusqu'à la pépite. L'or en forme de lentille est commun.

On ne trouve pas en Antioquia, comme dans d'autres pays, des pépites énormes; on en rencontre rarement pesant plus de 500 grammes.

Les différentes formes observées dans l'or cristallisé d'Antioquia sont : le cube (qui est rare); le cube-octaèdre, la forme la plus fréquente; le dodécaèdre romboïde, qui n'est pas commun, et le trapezoèdre.

L'or d'Antioquia a la couleur jaune brillante caractéristique, avec toutes les nuances comprises entre le jaune pâle ou légèrement verdâtre et le jaune resplendissant propre au plus beau des métaux.

VI

L'or d'Antioquia se trouve allié à l'argent, mais dans des proportions si variées, qu'il n'existe de cas semblable dans aucun pays du globe.

Suivant Dana, l'or contient ordinairement de 0.16 à 16 p. c. d'argent, c'est-à-dire que son titre varie généralement de 840 à 984 millièmes. Le titre le plus bas qu'on connaisse est celui de l'or de Sinarowski, dans l'Altay, qui renferme 60 millièmes; le titre le plus élevé est celui d'un or d'Australie, qui est presque pur, puisqu'il est de 993 millièmes.

Suivant les analyses faites par Dufrenoy et Dana, voici quelles sont les proportions où l'or s'allie à l'argent dans les différents pays qui produisent ce précieux métal.

En Californie, il contient de 3.6 à 13.4 p. c. d'argent.

En Australie, de 0.72 à 10.5 p. c.

Dans les monts Oural, de 1 à 13.2 p. c.

Au Chili, de 3 à 15 p. c.

Au Canada, de 10 à 15 p. c.

Au Sénégal, de 6 à 15.5 p. c.

En Antioquia, l'or d'alluvion renferme de 3.6 à 36.6 p. c. d'argent, et l'or de filons de 8.4 à 65.7 p. c., ainsi qu'on le verra par le tableau suivant :

Tableau des alliages naturels de l'or et de l'argent dans le département d'Antioquia. (En réduisant le titre de l'or de 1,000 unités, on obtiendra la proportion d'argent.)

| OR D'ALLUVIONS. | | OR DE FILONS. | |
Noms des mines.	Millièmes d'or.	Noms des mines.	Millièmes d'or.
San-Matias	965	Quinnà	919
Esperanza	936	Purima	900
Matica	919	Tupe	895
Valdivia	913	Salado	889
Manila	906	San-Donato	859
La Mosca	904	Monte-frio	844
Sinitabé	902	Ingenio	839
Candeva	900	Violin	833
Santa-Marta	892	Montanita	829
Rio-Grande	888	Solferino	806
San-Esteban	886	Rionegrito	805
El Oro	883	Otra-Mina	800
Nechi	883	Dos-Quebrados	796
Zancudo	882	Combia	795
Pangordito	880	Guasimal	795
San-José	880	Alpes	790
Chamuscados	880	Frontino	781
Mal-Abrigo	880	Constancia	764
Quebraditas	877	Popal	756
El Mulato	870	Santa-Barbara	756
Playa-Rica	869	El Zancudo	750
Miraflores	868	Palmichala	747
Rio-Chico	866	Coral	715
San-Isaac	863	San-Raphael	707
Nus	861	Santa-Gertrudis	700
Nusito	861	Animas	700
Carolina	860	Caldera	682
Serranias	855	Criadero	675
Hojas-Anchas	855	Sucre	658
Olivares	855	Rio-Dulce	657

OR D'ALLUVIONS. Noms des mines.	Millièmes d'or.	OR DE FILONS. Noms des mines.	Millièmes d'or.
Guadalupe	853	San-Joaquin	646
El Hatillo	849	Bolivia	645
Nare	845	Silencio	638
La Iguana	844	Cardenas	625
Riachon	841	Colombia	623
Porce	820	Santa-Isabel	618
Cauca	800	Cruces	612
Tenche	788	Soledad	601
Socorro (Porce)	781	Merced	600
Trinitacita	762	Playitas	588
Barbosa (Porce)	762	Cristales	579
La Honda	750	Gonzala	567
San Juan	730	Animas (San-Pedro)	559
Cruces de Caceres	723	Ositos	557
Porquera	717	San-Nicolas	555
Carnicerias	680	San-Eutebio	549
Santiago	675	Diluvio	533
Pocoro	666	Guasiri	525
Zaragoza	658	Sarral	500
El Carmen	634	Rio-Dulce	343

Ces analyses ont été faites avec de l'or natif.

VII

Depuis quelque temps déjà, nous recueillons des renseignements sur la valeur des métaux précieux produits en Antioquia, travail difficile dans notre pays où l'on ne comprend guère l'importance de la statistique. Néanmoins, nous osons présenter un aperçu que nous croyons approcher de près de la vérité.

Production des mines d'Antioquia en métaux précieux :

Dans la seconde moitié du xvi° siècle.	$ 10,000,000
Pendant le xvii° siècle	50,000,000
» xviii° »	64,000,000
De 1801 à 1886.	126,000,000
Production totale depuis la conquête.	$ 250,000,000

Comme on le voit, la production de l'or a toujours été en augmentant. Au commencement de ce siècle, elle était annuellement de 1,250,000 piastres. En 1858, elle avait atteint 1,509,000; en 1866, 1,600,000.

A partir de cette année, la progression fut beaucoup plus rapide. En 1882, la valeur de l'or et de l'argent aurifère exportés montait à 2,600,000 piastres.

Ce chiffre ne flatte pas suffisamment notre patriotisme, et nous voudrions le voir doublé, ainsi qu'il pourrait l'être. M. White faisait, au sujet des mines d'Antioquia, les observations suivantes, qui sont exactes en tous points : « Le travail, dans beaucoup de mines » d'Antioquia, se fait sur une très petite échelle; peu de mines ont des » machines. Un grand nombre de placers ne sont exploités que » manuellement, faute de pompes. C'est pourquoi les entreprises » minières sont réduites à un chiffre de proportion minime, compa- » rativement à ce que l'on pourrait obtenir, si les obstacles, qui » arrêtent leur essor, venaient à disparaître. »

M. A. Moulle, ingénieur des mines, dit, dans un rapport publié à Paris, en octobre 1887 : « Le département d'Antioquia est, sans » conteste, un des pays du globe où l'on rencontre en plus grande » abondance des gisements aurifères de tous genres. Si, malgré » d'immenses richesses naturelles, il n'a pas attiré jusqu'à présent » l'attention de l'Europe, il faut en attribuer surtout la cause à sa » position au centre de la Colombie, pays qui, jusqu'à ces dernières » années, était, pour ainsi dire, entièrement inconnu au public » européen. Un voyage d'études de huit mois, que nous avons fait » dans le département d'Antioquia, nous autorise à dire que ses gise- » ments aurifères, à peu d'exceptions près, ont à peine été effleurés, » et qu'au point de vue de la grande industrie minière, on peut les » considérer comme étant encore vierges. »

Le nombre des mines exploitées en Antioquia, en 1871, et occupant plus de 3 ouvriers chacune, était, pour les placers de 252, pour les mines à veines de 104.

Dans ces dernières, il y avait 820 pilons en activité.

En 1886, 1,009 mines à veines et 974 mines d'alluvions payaient l'impôt. On comptait, en 1871, dans le département, 14,942 mineurs (10,652 hommes et 4,290 femmes) pour une population de 366,000 habitants. Suivant le recensement de 1884, la population s'était élevée à 463,667 habitants, dont 13,924 mineurs, soit 1,018 de moins qu'en 1871. Cette diminution ne peut être considérée comme un indice de décadence de l'industrie minière, le chiffre de production de l'or ayant suivi la même progression que celui de la population. Il y a lieu de supposer que le nombre des mineurs de profession est plus élevé qu'auparavant, mais que celui des journaliers de circonstance (*mazamorreros de circonstancia*) a diminué ou que beaucoup d'entre eux se sont fait inscrire comme ouvriers agricoles.

On aurait tort de croire que la population ouvrière des mines est toujours occupée à l'extraction de l'or. Une partie considérable de l'or d'Antioquia est extraite par les *mazamorreros*, mineurs d'occasion, qui travaillent pour leur propre compte ; la plupart d'entre eux sont des ouvriers agricoles qui consacrent aux mines les loisirs que leur laissent les travaux des champs. Le gros des mazamorreros est fixé à Santa-Rosa et à Belmira (1).

A Santa-Rosa, qui compte plus de 2,000 mineurs, le nombre de

(1) Nous extrayons de l'*Anuario estadístico del departamento de Antioquia en 1888*, les renseignements complétifs suivants sur l'industrie minière en Antioquia : Grâce à la paix, les mines ont atteint un développement dépassant toutes les prévisions. De grandes entreprises sont à la veille de se créer, les capitalistes étrangers viennent à nous, pleins de confiance ; tout assure à l'industrie minière un avenir brillant.

Le tableau suivant prouve clairement les progrès que l'exploitation des mines a faits dans ce département :

MINES

Années.	Nombre de celles déclarées.	Nombre de celles exploitées.	Nombre de celles payant l'impôt.
1875	219	103	1,661
1876	212	90	776
1877	210	28	600
1878	209	81	316
1879	204	82	671
1880	330	201	571
1881	460	246	1,943
1882	650	340	1,856
1883	352	336	1,972
1884	319	252	1,935
1885	96	74	1,752
1886	387	179	2,050
1887	751	229	2,121
1888	1,101	465	2,625
	5,560	2,709	20,849

La diminution qu'on remarque pendant les périodes de 1876 à 1880 et de 1884 à 1886 a pour cause les guerres civiles qui, à ces différentes époques, ensanglantèrent la République. Les chiffres de 1888 montrent la grande impulsion que prit alors l'industrie minière. Ainsi qu'on a pu le ceux qui travaillent à la journée ne dépasse pas 700. Dans d'autres localités, les mineurs d'occasion sont nomades et, soit l'été, soit l'hiver, ils lavent les sables aurifères qu'ils enlèvent des fleuves et des ruisseaux. Quelques-uns, avec une rare adresse que leur donnent l'observation et la pratique, vont à la découverte des veines et extraient, pour les broyer, les cailloux mêlés d'or qu'elles recèlent.

---

voir, le nombre des mines payant un impôt annuel en 1888 est presque égal à celui des mines exploitées (tituladas) depuis 1875 jusqu'en 1888.

Suivant les renseignements communiqués au bureau de statistique, il y avait en exploitation en 1888, dans le département d'Antioquia, 304 mines de filons, 478 mines d'alluvions, avec un chiffre total de 13,430 ouvriers, et produisant annuellement, les mines de filons 7,154 livres, et les mines d'alluvions 4,513 livres, ensemble 11.667 livres d'or. Si l'on compare la production totale en 1888 (11,619 livres) avec la valeur de l'or exporté pendant la même année (2,133,180 pesos, non compris l'or monnayé), et si l'on tient compte qu'il s'agit de pesos d'or (soit 5 francs), que beaucoup d'ors du département sont de bas titre et qu'en cette année il a été fondu environ 45,000 pesos d'or extraits des tombes indiennes, 12,000 pesos d'or monnayé, et qu'il a été exporté pour 50 à 60,000 pesos d'or provenant du canton de Supia (département du Cauca), on devra reconnaitre que la majeure partie de l'or exporté est originaire d'Antioquia La mine du Zancudo a produit 589 livres d'or environ (270,915 grammes) et 15,433 livres d'argent aurifère (7,099,284 grammes); mais comme cet argent contient généralement de 2,30 p. c. à 6 p. c. d'or (la moyenne serait 4.21), la production réelle aurait été d'environ 1,239 livres d'or et 14,783 livres d'argent. La production totale des mines d'argent a été en 1888 de 15,443 livres.

La production des principales mines du département augmentera considérablement, à cause du perfectionnement de l'outillage, de l'emploi des turbines, des tarières à air comprimé, etc.

Une exploitation qui contribuera probablement à augmenter la production des mines est celle de la Cortada de San-Antonio, à la rivière Nus; on a construit, à cet endroit, un barrage de 140 mètres de longueur sur 10 de hauteur et 32 d'épaisseur à la base. Les nouvelles machines du Zancudo, de la Segovia, de las Colonias et autres, donneront évidemment aussi une augmentation de production.

De précieux auxiliaires pour l'industrie minière sont les laboratoires de chimie et les établissements pour la fonte et l'essayage établis à Medellin; les uns et les autres sont outillés de façon à répondre à toutes les exigences.

Deux journaux industriels gratuits, la *Revista de los mineros* et la *Revista comercial é industrial*, rendent de véritables services à l'industrie minière par les renseignements qu'ils donnent sur cette industrie et les opérations qui s'y rattachent; on y trouve les prix courants des articles employés dans les mines, la situation du marché, les cours, des notes sur

VIII.

Il n'y a pas de véritables mines d'argent dans le département d'Antioquia, si ce n'est la mine importante du Zancudo, qui après avoir produit d'abord de l'or, donne aujourd'hui de l'argent aurifère.

l'exploitation et la production de mines importantes, les dispositions légales relatives aux mines, au monnayage, etc.

MM. Ospina frères publieront sous peu un autre journal du même genre et d'une plus grande importance.

En vertu de l'article 202 de la constitution de 1886, les terres en friche, les mines et les salines, jadis propriété des Etats, appartiennent à la République. Suivant la loi n° 38 de 1887, le code des mines de l'ancien Etat d'Antioquia et les lois qui l'ont modifié, ont été adoptées par la Nation, avec quelques réserves et additions.

Selon ce code et les modifications postérieures qui y ont été apportées, Colombiens et étrangers peuvent acquérir les mines appartenant à la République; en conséquence, ils ont le droit d'exploiter librement n'importe quelle mine, mais avec les réserves suivantes : 1° qu'aucune exploitation minière ne se fera à l'intérieur d'une localité et à moins de 100 mètres de distance de ses dernières habitations ; les minerais extraits dans une localité devront être traités au dehors ; 2° que les propriétaires seuls pourront exploiter les mines se trouvant à l'intérieur des cours, des jardins et dépendances des habitations rurales ; 3° que les mines existant dans des terrains de propriété particulière ne pourront être enregistrées que par le propriétaire de ces terrains ou avec sa permission.

Au point de vue légal, les mines se divisent en trois classes : celles de filons ou à veines, telles que celles de pierres précieuses, d'argent et d'or ; celles de sédiment, comme le sont ordinairement celles de fer et de cuivre ; celles d'alluvions (corridos), formées de couches alluviales renfermant des pierres précieuses ou des métaux amenés par les eaux.

L'étendue d'une mine à filons se mesure par *pertenencia*; on entend par pertenencia un rectangle de 600 mètres de longueur sur 240 de largeur.

Quiconque découvre une mine de filons, a droit à une étendue de *3 pertenencias*.

L'étendue des mines de sédiment est un carré de 2 kilomètres de côté. Celle des mines d'alluvions est un carré de 3 kilomètres de côté, ou un rectangle de 2 kilomètres de base sur 4 1/2 de hauteur. Si les mines de filons se trouvent dans des terres incultes, celui qui se propose de les exploiter a le droit de demander qu'il lui soit, par préférence, accordé l'adjudication de 500 hectares de terrains.

Pour l'enregistrement de chaque mine, il est payé au profit du Trésor un impôt de 5 pesos De plus, la loi a établi l'impôt annuel suivant : 5 pesos pour chaque mine de pierres précieuses dont l'étendue ne dépasse pas 1 kilomètre carré (toute étendue plus grande se paye en proportion);

Dans la partie méridionale du département, on a découvert de riches mines d'argent renfermant de l'argent natif rouge.

Les veines, bien que de formation géologique parfaite, sont toutes très minces, ce qui rend leur exploitation coûteuse et peu productive;

---

5 pesos pour chaque mine d'alluvions de 25 kilomètres carrés (celles qui ne dépassent pas 5 kilomètres carrés payent 1 peso, et en proportion pour la différence en plus); l'impôt sur les mines de sédiment est le double de celui des mines d'alluvions.

Malgré le payement du dit impôt, il y a déchéance des droits acquis sur une mine, lorsque les travaux d'exploitation ne sont pas entrepris endéans les 8 ans, à partir de la date de l'adjudication, ou si, après avoir été entrepris, ces travaux sont suspendus pendant plus de 8 ans.

Dès l'année 1587, sous le gouvernement de Don Gaspar de Rodas, on comprit la nécessité de régler le travail des mines: c'est de cette époque que datent les *Ordenanzas de minas*. Deux siècles après, en 1788, Don Juan Antonio Mon y Velarde édicta d'autres ordonnances en vue du développement de l'industrie minière.

En 1834, la Chambre de la province d'Antioquia élabora un règlement des mines. Plusieurs lois et décrets furent ensuite promulgués jusqu'à l'époque (1887) où le code des mines de l'ancien Etat d'Antioquia fut adopté par la République.

Les dispositions sur les mines actuellement en vigueur sont contenues dans ce code et dans les lois qui le complètent et le modifient. Ces lois sont celles :

N°		
292	du 20 septembre	1875.
38	4 décembre	1877.
63	24 novembre	1886.
38	15 mars	1887.
75	16 mai	1887.
153	24 août	1887.
14	3 février	1888.
7791	25 mai	1889.
7811	16 juin	1889.
7817	22 »	1889.
7839	21 juillet	1889.
7876	14 septembre	1889.
7887	19 »	1889.
7899	15 octobre	1889.
7911	2 novembre	1889.
7912	3 »	1889.
7922	17 »	1889.
7925	21 »	1889.
7926	23 »	1889.
7927	24 »	1889.
7937	8 décembre	1889.
7941	11 »	1889.
7969	21 janvier	1890.

Le code des mines présenterait, parait-il, de nombreux inconvénients les plus connues sont celles del Diamante, à Manizales; del Bureo, à Pacora; de la Soledad et d'autres situées sur les bords du Papayal, dans le district de Nueva-Caramanta.

Si l'or est le métal précieux par excellence d'Antioquia, celui qui donne la vie et le mouvement à son industrie et à son commerce, il s'y trouve aussi pourtant d'autres métaux estimés chez tous les peuples civilisés et nécessaires à l'industrie et aux arts. Aujourd'hui, nous en faisons peu de cas; la terre les garde jusqu'à l'époque où les besoins de la civilisation nous obligeront à les lui demander.

En première ligne vient le fer dont les oxydes se rencontrent en abondance.

Le platine, qui accompagne l'or dans les dépôts d'alluvions, ne se trouve en quantités de quelque importance que dans le district de Frontino, limitrophe du Chocó. On ne connaît, dans le département, aucune mine importante de cuivre; il est vrai qu'on n'en a pas cherché. Il est cependant probable qu'il en existe quelque part, car les aborigènes faisaient usage de ce métal qu'ils alliaient souvent à l'or. Pour terminer, nous dirons deux mots du plomb et du mercure, ces auxiliaires précieux pour l'extraction de l'or et de l'argent et qui font défaut dans le département d'Antioquia.

Jusqu'à présent, la galène a été trouvée mêlée en petites quantités aux pyrites aurifères et en forme de cailloux dans la province du Nord.

Dans les ruisseaux du district del Retiro, on rencontre le cinabre (mercure sulfureux) d'une belle couleur rouge.

Enfin, il existe des dépôts de houille à Amaga, Titiribi, Guaca et près des bords du bas Néchi.

Les plus précieux de ces produits du règne minéral sont, sans conteste, le fer et la houille; ils seront plus tard, avec l'or, les éléments indispensables du développement de l'industrie et de la richesse publique en Antioquia.

---

dans la pratique. Déjà en 1888, le ministre de Fomento attira l'attention du Congrès sur la nécessité de compléter la législation des mines et proposa de publier un nouveau code.

M. Francisco de P. Muñoz a fait paraître en 1886 un *Tratado de la legislacion de minas en Antioquia*, qui a rendu de grands services à l'industrie minière.

MM. Fernando Velez et Antonio J. Urribe viennent de publier, avec des notes, le code des mines colombien, ouvrage qui est appelé à un grand succès.

DÉPARTEMENT DU CAUCA

Si on nous demandait quel est le département le plus riche en métaux en Colombie, il nous serait très difficile de donner une réponse catégorique, car, si les mines d'Antioquia sont aujourd'hui les plus connues, mieux exploitées et beaucoup plus productives que celles du Cauca, ce département renferme dans son vaste territoire trois régions d'une grande richesse : le Chocó, Barbacoas et Supia.

Tout en déplorant l'abandon presque général des mines du Cauca, nous devons reconnaître qu'au commencement de ce siècle, elles produisaient plus de la moitié de l'or du Nouveau Royaume de Grenade.

Nous donnons ci-après un aperçu des travaux d'exploitation entrepris depuis la conquête.

Plusieurs chroniqueurs du xvr siècle parlent des nombreuses mines d'or du Département et de la grande quantité de métal qu'elles produisaient.

Les Indiens préféraient payer leurs tributs en or, et rétribuaient les Espagnols qui voulaient diriger leurs travaux.

Dans *La Relacion del Nuevo Reino de Granada*, de l'année 1559, nous lisons : « Dans le gouvernement de Popayan, 6,000 Indiens et 300 nègres sont occupés à extraire l'or; ils travaillent 250 jours par an, et la quantité d'or extraite est estimée à 196,875 piastres. »

Un prédicateur augustin, Jérôme de Escobar, coadjuteur de l'évêque de Popayan, adressa au Roi, en 1581, un rapport sur l'état de la Province. Suivant ce rapport, les mines de la ville d'Anserma produisaient par an plus de 70,000 piastres; les ruisseaux de Cartago, dont le rendement avait diminué, produisaient encore pour plus de 30,000 piastres annuellement. Popayan, Almaguer en donnaient tout autant. Toro, Buga et Cali étaient également des lieux de production importants.

À cette époque, la Province de Popayan, produisait 3,000 livres d'or, pour une valeur de 760,000 piastres de notre monnaie.

Les Espagnols découvrirent de riches placers dans les environs de la ville de San-Vicente de Paez, fondée en 1563, près du glacier de Huila. Ils commençaient à peine à les exploiter, quand les Indiens les surprirent et les forcèrent à quitter la ville et les mines, dont il ne fut plus question dans l'histoire, cette contrée ayant été désormais occupée par les Indiens. Le rio Paez et le San-Vincente, son tributaire, rappellent cet essai d'exploitation.

Le territoire de Barbacoas, conquis en 1600, par Francisco de Parada, fondateur de la ville de Barbacoas, renfermait également beaucoup d'or ; en 1686, sa production annuelle était de 700 livres.

Le Chocó, comme pays aurifère, était déjà connu de Vasco Nuñez de Balboa (1513) ; les tribus qui le peuplaient étaient si féroces et si indomptables, que les Espagnols ne purent les soumettre.

Les Jésuites résolurent de les convertir au christianisme ; ils pénétrèrent dans le Chocó en 1654, y établirent des missions florissantes, et, de cette époque, date l'exploitation de ses alluvions inépuisables.

Ces alluvions d'or mêlé de platine, bien qu'elles aient été mal traitées, ont produit, dans le cours de ces trois derniers siècles, plus de 600,000,000 de francs.

Les mines d'or de filon et d'alluvion de Marmato furent exploitées dès les premières années du dix-septième siècle.

En 1749, fut fondée la Monnaie de Popayan, où on a frappé environ 64,000,000 de piastres en monnaie d'or.

Les riches mines d'argent de Quiebralomo, dans la plaine de Supia, furent découvertes avant 1789 et exploitées avec peu de succès, les connaissances techniques faisant défaut à leurs propriétaires.

Le Baron de Humboldt, qui les avait vues, disait qu'elles étaient extrêmement riches ; seulement, son appréciation ne devait être confirmée que plus de 70 ans après !

Don Francisco José de Caldas écrivait en 1807 (*Estado de la Geografia del Virreinato*) :

« Dans le centre du Chocó se trouve une zone ou couche de » gravier, de sable, de pierre et d'argile, suivant une direction » horizontale et renfermée dans des limites très restreintes. Son » épaisseur est d'environ 720 varas.

» C'est dans ces limites qu'est la région de l'or ; ce sont, pour ainsi » dire, les confins de la patrie de ce précieux métal, toujours mêlé » au platine. Au-dessus ou au-dessous du niveau de cette fameuse » zone, on n'a jamais trouvé un grain d'or ou de platine ; là ont été » extraites des quantités prodigieuses de ces métaux ; là se sont » créées des fortunes extraordinaires, et c'est là aussi que gisent » cachées les espérances de maint propriétaire de mine. La zone » d'or se trouvant dans le massif des Cordillères, il en résulte que » l'extraction de l'or et du platine présente beaucoup de difficultés.

» Le sol est ainsi formé que cette chape se présente à la superficie » sur une étendue de dix à douze lieues de largeur ; les efforts de » milliers de nègres, pendant deux siècles, n'ont pu l'épuiser.

» La richesse de la zone n'est pas partout la même ; dans certains
» endroits, l'or est accumulé ; dans d'autres, il est disséminé. Un
» point capital, c'est que dans le Chocó, comme à Barbacoas, la
» production répond aux espérances.

Au commencement de ce siècle, la production annuelle du Chocó
était approximativement de cinq millions de francs ; celle de Popayan,
de Barbacoas, d'Iscuandé et de Raposo, était de 3,350,000 francs.

La guerre de l'Indépendance arrêta l'essor de l'industrie minière
dans le Cauca. L'exploitation des mines de Supia ne fut reprise
sérieusement que vers 1860 ; leur production a augmenté d'année en
année et montait, avant la dernière guerre civile (1884), à deux millions
et demi de francs. M. Jean Boussingault, qui fut chargé, en 1825,
de la direction de plusieurs mines pour le compte d'une Compagnie
anglaise et qui introduisit des améliorations importantes dans les
travaux d'exploitation, donne, comme suit, le titre de l'or de quelques mines de Supia :

Or de Quiebralomo, veine 0.917
Or de Marmato, veine de Sebastiana . . . 0.734
Or d'alluvion du Llano 0.880
Or d'alluvion du Rio-Sucio 0.880

Voici ce que dit du Chocó, un Anglais, M. Robert B. White, qui
explora cette opulente région en 1870 et en 1878 et en examina les
immenses dépôts d'alluvions avec la plus grande attention :

« Ce pays serait aujourd'hui riche, si l'émancipation des esclaves
» (1851) n'était venue porter un coup mortel à l'industrie minière.
» Les grands propriétaires d'esclaves perdirent en premier lieu le
» grand capital productif, représenté par les équipes d'esclaves, et se
» virent obligés de le remplacer par un autre capital, l'argent, s'ils
» voulaient continuer l'exploitation. Mais le caractère difficile des
» nègres affranchis et les événements politiques qui, jusqu'en 1865,
» bouleversèrent le pays, enrayèrent les tentatives faites pour la
» reprise des travaux des mines. Les mines furent abandonnées ;
» seuls, les nègres continuèrent à extraire de l'or pour leur propre
» compte, dans les endroits les plus riches et là où la tâche qu'ils
» s'imposaient, à seule fin de suffire à leurs besoins, n'exigeait qu'un
» travail facile.

» Cet état de choses ne peut durer. Des mines comme celles del
» Medio (au confluent du Santa-Barbara y du Sabaletas, qui produi-
» saient de 100 à 150,000 francs annuellement, exploitées selon les
» méthodes espagnoles très imparfaites, attendent des entrepreneurs

» intelligents. Le Santa-Barbara a un courant très fort et son lit est
» rempli de pierres énormes. Là où l'on a pu atteindre le fond et
» soulever les pierres, on a recueilli des quantités d'or d'une valeur de
» 600, 1,500 et 3,000 piastres. El Hospital, qui se trouve dans les
» mêmes conditions, a été exploité, ces dernières années, par des
» nègres qui ont trouvé dans son lit plus d'un demi-million d'or. »

Si nous voulions citer tous les cours d'eau du Chocó qui contiennent de l'or, la liste serait longue. Qu'il nous suffise de mentionner ses deux grands fleuves, l'Atrato et le San-Juan ; le Certegui, le Quito, l'Andagueda, le Cabi, le Bebarama, le Murri, etc., affluents de l'Atrato ; le Cajon, le Sipi, le San-Agustin, le Tamana, le Condoto, la Santa-Rita, l'Iro, etc., affluents du San-Juan.

Une lettre adressée du Chocó, à M. Restrepo, s'exprime ainsi :

« Les principaux centres de production d'or sont, dans le Chocó :
» Novita, Tado, San-Pablo, Condoto, Sipi et Cajon, dans le district
» de San-Juan ; Quibdó, Bagadó, Lloró, Negua et Bebara, dans le
» district de Atrato. Toutes les mines sont exploitées par des maza-
» morreros ou travailleurs isolés ; pas un seul placer n'a une direc-
» tion de nature à espérer quelque progrès.

» L'endroit qui produit le plus d'or actuellement est la fameuse
» montagne du Torrá ; on extrait de ses flancs de l'or en gros
» morceaux, qui ont atteint parfois 2 1/2 livres.

» J'estime à environ 300,000 piastres la production annuelle des
» deux districts cités. Les mines de filons sont inconnues, mais il
» paraîtrait qu'il y en a. »

D'une lettre, de date récente, écrite de Barbacoas, par M. Pio Ortiz, nous extrayons ce qui suit : « Les nègres exploitent les mines en
» compte à demi avec les propriétaires et consacrent seulement trois
» jours de la semaine à cette besogne ; les trois autres jours, ils les
» emploient à laver des sables aurifères pour leur propre compte. En
» temps de sécheresse, le travail ralentit ; on remue la terre et on
» l'amoncelle pour la laver plus tard et en extraire le sable et l'or.

» La plupart des mines n'ont pas d'eau, parce que les anciens
» réservoirs n'existent plus et que les propriétaires n'ont pas de capi-
» taux pour en construire d'autres.

» Si on travaillait aujourd'hui comme on le faisait jadis, quand il
» y avait des esclaves, dont le nombre était considérable, la produc-
» tion serait beaucoup plus forte ; il en serait de même, si on
» employait les monitors américains, et si on ouvrait des galeries, ce
» que ne peuvent faire la plupart des propriétaires, faute de capi-
» taux. »

La production de ce district, y compris l'or extrait de la côte, à Iscuandé et Guapi, est évaluée de 700 à 800 livres par an.

A 3 lieues de Manizales, la mine de filons de Toldafria, est exploitée depuis quelques années, et a produit pour plus de 600,000 piastres d'or.

Nous avons déjà parlé des riches mines d'argent découvertes à Supia, à la fin du siècle dernier, et que l'incapacité de leurs propriétaires laissa bientôt tomber dans l'abandon. Depuis 1860, l'exploitation de quelques-unes d'entre elles a été reprise.

M. Greiffenstein, ingénieur à Supia, écrit ce qui suit au sujet des mines d'argent situées dans les districts de Supia et de Marmato :

« Les principales mines d'argent de ce canton sont :

» Les mines du Cerro de Loaiza et Chaburquia, on les appelle » communément mines de Echandia, et elles appartiennent à » MM. B. Chaves et sœurs.

» Les mines de Pantano, San-Antonio, Aguas-Claras et Cande-» laria, exploitées par la Western Andes Mining Cᵒ.

» La mine de Para, qui, suivant les niveaux, porte les noms de » Libia, los Dolores, las Mercedes, la Trinidad et Guadalito et » appartient à différentes sociétés.

» Les minerais de ces mines sont traités dans les établissements » d'amalgamation de la Linea, Aguas-Claras, Taborda, Arcon, la » Amalia et Santa-Elena; le premier et le dernier de ces établisse-» ments sont situés dans la province d'Antioquia, près de la » frontière.

» L'argent produit par les établissements de la Linea et Aguas-» Claras est aurifère et s'exporte en Angleterre; leur production » annuelle est d'environ 280,000 piastres.

» L'argent des autres établissements est expédié à la Monnaie de » Médellin et est estimé à 200,000 piastres par an.

» La richesse moyenne des minerais est d'environ 0.30 p. c. » d'argent; ceux qui ont moins de 0.15 p. c. ne peuvent être » exploités avec profit. Certaines mines contiennent jusqu'à 1 p. c. » d'argent.

» A mon avis, les minerais de cette région se prêtent mieux à » l'amalgamation qu'à la fonte; par l'amalgamation, l'argent est » extrait avec plus de facilité, moins de frais et moins de perte de » temps.

» Dans les amalgamations bien dirigées, la perte métallurgique ne » dépasse pas 15 p. c. d'argent. »

Il y a actuellement en exploitation à Quiebralomo une mine d'or très riche nommée Vende-Cabezas. Un des derniers mois de 1887, elle produisit 78 livres et le mois suivant 45.

Nous évaluons à 249,000,000 de piastres, la valeur totale des métaux précieux, produits par le Cauca depuis la conquête; cette somme se répartit comme suit entre le Chocó et le reste du département.

	Chocó		Cauca	
xvi⁰ siècle	$		$	25,000,000
xvii⁰ »	»	20,000,060	»	37,000,000
xviii⁰ »	»	52,000,000	»	38,000,000
xix⁰ »	»	42.000,000	»	35,000,000
Total	$ 114,000,000		$ 135,000,000	

Le département du Cauca, si richement doté par la nature, peut compter sur un brillant avenir, le jour où ses habitants se livreront avec ardeur à l'exploitation de ses alluvions et de ses filons d'or et d'argent.

Opinion des explorateurs sur la richesse du Chocó.

Indépendamment de ce que nous venons de dire de la richesse du Chocó, nous réunissons dans ce chapitre les jugements publiés à ce sujet par les voyageurs et explorateurs étrangers; ainsi, on ne pourra nous accuser d'exagération.

Nous suivrons l'ordre chronologique, nous abstenant de tout commentaire.

» Le baron de Humboldt écrivait ce qui suit, au commencement
» de ce siècle :

» La province de Chocó pourrait produire, à elle seule, plus de
» 10,000 marcs d'or (soit 5,000 livres, d'une valeur de 1.300,000
» piastres), si, en peuplant cette région, une des plus fertiles du
» nouveau monde, le gouvernement faisait progresser l'agriculture.
» Ce pays, le plus riche en or, manque de vivres. Les placers du
» Nord et ceux du district de Citarà produisent un or plus fin que
» celui du district méridional de Novita. Celui des mines de Indi-
» purdu est le seul dont le titre atteint 22 carats, la richesse moyenne
» de l'or du Chocó étant de 20 à 21 carats. Le titre de l'or des diffé-
» rents placers reste si uniforme qu'il suffit à ceux qui font le com-
» merce de l'or en poudre de savoir où le métal a été recueilli pour
» en connaître le degré.

» Le fleuve le plus riche est l'Andágueda. Tout le terrain entre
» l'Andágueda, le San-Juan, le Tamaná et le San-Agustin est auri-
» fère. Le plus gros lingot d'or qu'on ait trouvé dans le Chocó

» pesait 25 livres. (*Ensayo politico sobre el Reino de la Nueva*
» *Espana.* »

M. G. Mollien, dans son *Voyage dans la République de Colombie
en 1823*, dit :

« Les mines du Chocó et de Barbacoas sont considérées générale-
» ment comme les plus riches. Dans la province du Chocó le sol est,
» pour ainsi dire, plein d'or.

» Cette province possède non seulement les bois les plus riches,
» mais renferme aussi, dans son sol, les trésors les plus précieux et
» les plus abondants ; partout où l'on creuse, on trouve de l'or. »

En 1854, M. John Trautwine, a publié dans un journal de Phila-
delphie (*Journal of the Franklin Institute*) des *Notes d'un voyage
d'exploration aux fleuves Atrato et San-Juan* dont nous extrayons
ce qui suit :

« On trouve de l'or à la source de tous les affluents de l'Atrato qui
» viennent de l'Est. Ceux-ci, ainsi que ceux du San Juan, qui
» contiennent aussi beaucoup d'or, naissent dans le versant ouest de
» la Cordillère occidentale... Si l'on tient compte de l'immense
» étendue de cette région où l'or existe en grande quantité, et des
» avantages offerts aux immigrants par le gouvernement de la
» Nouvelle-Grenade, il n'est pas douteux qu'un jour, lorsque ces
» faits seront mieux connus, il ne se produise un exode d'étrangers
» vers les versants de la Cordillère occidentale plus grand que celui
» qui suivit les découvertes d'or en Californie et en Australie. »

Le général Augustin Codazzi, chef de la Commission géologique
de la Nouvelle-Grenade, parcourut la majeure partie du pays et laissa
des ouvrages importants, dont nous citerons quelques passages :

« Le Chocó, par sa position géographique, par le système de ses
» rivières, par la nature de son sol, par les influences climatériques,
» et par ses richesses aurifères, mérite certainement une étude
» approfondie...

» Les terres meubles qui forment les alluvions du Chocó, aussi
» étendues que riches, se rencontrent depuis 40 jusqu'à 900 mètres
» au-dessus du niveau de la mer ; ces alluvions se trouvent au pied de
» la Cordillère occidentale.

» Presque tous les cours d'eau qui naissent dans cette Cordil-
» lère ou dans ses ramifications vers le bassin de l'Atrato, charrient
» dans leur sable des pépites et des paillettes d'or plus ou moins fines.
» De plus, on trouve, dans les collines, l'or et le platine disséminés
» dans des couches de sable et de gravier qui sont parfois à plus de
» 20 mètres au-dessus de la base. .

» Si les nègres travaillaient avec plus de persévérance, la valeur
» de l'or, recueilli dans le bassin de l'Atrato, ne serait pas annuelle-
» ment inférieure à 2,000,000 de piastres, plus 20,000 piastres de
» platine.

» On peut dire la même chose du bassin du San Juan, car la
» plupart des cours d'eau, sortis des Andes et de ses ramifications
« pour aboutir au San Juan, contiennent une assez grande quantité
» de paillettes d'or fin, mêlé, en certains endroits, avec du platine.

» Les terrains de la partie haute du Chocó sont de formation
» syénitique et de grunstein porphyrique ; plus bas sont des schistes
» argileux qui se transforment en grauwacke schisteuse ; c'est pour
» cette raison que l'on rencontre dans ces terrains des mines d'or qui
» ne sont que des alluvions de porphyre sur le schiste. »

M. Charles Saffray, après avoir habité le département d'Antioquia
pendant quelques années, parcourut les départemente du Cauca et
de Cundinamarca, et, à son retour à Paris, publia dans le *Tour du
Monde* (1872) la relation de son voyage à la Nouvelle-Grenade. Voici
ce que nous y lisons :

« Le Chocó est la province de la Nouvelle-Grenade la plus
» renommée pour la richesse de ses mines d'or, auxquelles elle doit
» sa grande prospérité actuelle.

» Les Espagnols, à peine établis dans le pays, en exploitèrent les
» mines jusqu'à l'abolition de l'esclavage, époque où les alluvions les plus
» riches s'étaient épuisées et où les autres gisements connus n'étaient
» pas assez productifs pour compenser les frais d'exploitation. »

Dans son *Rapport sur les mines du Medio* (1879), M. White,
ingénieur bien connu, dit :

« Les grandes mines d'alluvions du Chocó forment un dépôt très
» étendu de l'époque post-tertiaire, dans lequel on remarque une
» grande régularité de stratification : elles se composent de couches
» d'argile, de gravier, de sable, de conglomérats et de gisements de
» lignite…

» Tout mineur ou toute personne connaissant les mines me com-
» prendra aisément, si je dis que les mineurs du Chocó ont toujours
» considéré les couches d'argile, de sable et de conglomérats *comme
» des gisements qui forment roche*. Toute couche de gravier se trou-
» vant au-dessus d'un de ces gisements était un dépôt à exploiter. Pour
» cette raison, il doit se trouver dans les alluvions une grande quan-
» tité de matière aurifère inexploitée. Jamais on n'a examiné ni les
» lits des anciens cours d'eau, ni, dans les terrains rocheux, le gise-
» ment sur la roche qui est le véritable dépôt aurifère. La quantité

» d'or qui s'y trouve doit être énorme, si on en juge par la richesse
» du gravier des couches supérieures. Jamais les gens du pays n'ont
» eu l'idée de creuser une galerie dans le roc. Personne n'a fait
» attention aux indices qui peuvent révéler la direction des grands
» courants d'eau qui formèrent ces dépôts.

» Nous avons ici, et en grande quantité, les plus belles mines de
» la Californie, et nul doute qu'il ne reste sous les galeries, faites
» jusqu'à fleur de terre, les neuf dixièmes de l'or...

» Qu'il me soit permis de le dire, je connais parfaitement les
» grands dépôts d'alluvions dans toute l'étendue du Chocó, depuis
» Barbacoas, dans le Sud, jusqu'à Quibdó, sur l'Atrato, au Nord, et
» il ne peut exister aucun doute sur leur valeur; nous nous trou-
» vons ici sur les côtes du Pacifique, et les mêmes agents qui formè-
» rent les grandes mines du versant occidental des Montagnes
» Rocheuses, agirent de même dans le versant occidental de la
» Cordillère des Andes.

» Qu'il me suffise de citer, comme exemple, un fait venu à ma
» connaissance et qui s'est produit dans une mine de Barbacoas : on
» ouvrit une galerie dans le roc, dont on extraya, en trois fois,
» environ 700 livres d'or. La méthode employée a été celle des
» écluses de chasse. La discorde éclata entre les heureux proprié-
» taires de cette mine et les mines du Chocó perdirent une occa-
» sion favorable d'entrer dans l'ère du progrès où elles entreront
» certainement tôt ou tard. »

Dans un *Rapport sur les fleuves San-Juan, Sipi et Tamaná*,
publié en anglais, le 25 juillet 1883, M. White explique comme suit
la formation géologique des alluvions du Chocó :

« La chaîne occidentale des Andes, où naissent le San-Juan et ses
» affluents, est extrêmement aurifère. Des filons de quartz et d'or
» de toutes les époques veinent les montagnes avec une profusion
» peut-être sans égale dans aucun autre pays du monde. A la fin de
» la période crétacée, il se produisit un grand soulèvement du sol,
» d'origine volcanique, et qui donna naissance à la grande chaîne
» centrale des Andes.

» Il est hors de doute que des dépôts sous-marins s'élevèrent alors
» à une hauteur de 8,000 à 10,000 pieds au-dessus du niveau de la
» mer. Dans ces gigantesques perturbations, les eaux jouèrent
» évidemment un très grand rôle; elles brisèrent les roches dont les
» débris formèrent les alluvions tertiaires de la côte du Pacifique; si
» l'on considère qu'elles occupent une superficie de milliers de lieues
» carrées et qu'elles ont une épaisseur de 300 à 700 pieds, on se

» fera une idée de la grandeur de ce bouleversement du sol.

» La formation des vallées de l'Atrato, du San-Juan et des autres
» fleuves de la côte du Pacifique, date d'une époque postérieure,
» quand des soulèvements successifs donnèrent à la terre certains
» contours et déterminèrent le cours actuel des eaux. Les cours d'eau
» s'ouvrirent une route à travers les couches d'argile, de sable, de
» gravier et de conglomérats, entraînant à la mer les menus détritus,
» tandis que l'or des sables restait dans le sein de la terre. Nous
» pouvons donc conclure *à priori* que des fleuves tels que l'Atrato,
» le San-Juan et leurs affluents doivent renfermer énormément d'or
» dans leur lit.

» Il faut remarquer qu'au moins 600 milles carrés de la superficie
» drainée par le fleuve San-Juan, au-dessous de sa jonction avec le
» Sipi, sont couverts d'alluvions. Tous les cours d'eau qui arrosent
» aujourd'hui cette région apportent chaque jour une nouvelle provi-
» sion d'or au canal principal. Pendant les pluies abondantes et les
» orages des tropiques, quantité d'arbres sont arrachés, des éboule-
» ments se forment, les ruisseaux abandonnent leur lit et ainsi des
» millions de tonnes de sable sont lavées naturellement; les sédi-
» ments sont entraînés par les eaux dans le San-Juan et le Sipi, où
» l'or se dépose.

» Il est presque superflu de parler de la richesse de ces alluvions;
» on en a extrait, depuis l'époque de la conquête, des millions de
» livres sterling. Néanmoins, je suis persuadé que ces sables
» contiennent d'une à deux onces d'or par yard cubique. Les grands
» conglomérats ou couches qui leur servent de bases, et que les
» Espagnols n'exploitèrent pas, parce qu'ils les trouvaient trop durs
» ou trop pauvres, contiennent une once d'or par tonne.

» J'ai examiné ces sables du San-Juan et du Tamana en plusieurs
» endroits, et je les ai trouvés partout suffisamment riches pour rému-
» nérer le lavage à la batée (*el lavado à mano*). Dans les parties
» supérieures de ces deux rivières, j'ai constaté que le gros sable
» contient près d'une once d'or par tonne; mais il est naturel que,
» dans ce sable, l'or ne reste pas longtemps à la surface : il tombe
» entre le sable et les pierres au fond de la rivière. Mes observations
» et les résultats obtenus par les gens du pays m'autorisent à dire
» que la couche qui repose sur la roche produit en moyenne dix
» onces d'or par yard carré. Je suis convaincu que, à certains
» endroits, cette production peut atteindre 30 onces. Je sais que l'on
» a extrait du lit d'une rivière, arrosant un district de la même côte,

» et dans un rayon d'environ 200 yards, 10,300 onces d'or (1).

» Les renseignements que je viens de donner sur la formation des
» alluvions du Chocó étaient nécessaires pour tirer certaines conclu-
» sions. *Je ne connais, en aucun pays du monde, de cours d'eau*
» *présentant autant de probabilités de richesse aurifère que ceux*
» *de la Colombie.*

» Dans l'état d'Antioquia, où l'exploitation du lit des rivières s'est
» généralisée, bien qu'elles soient moins riches en or, on ne consi-
» dère pas comme un résultat extraordinaire une production
» moyenne de 80 onces d'or par yard carré. »

Ce que nous venons de dire de la formation et de la richesse des
placers aurifères du Chocó, est applicable à toute la côte du Pacifique
qui s'étend depuis la rivière le San-Juan jusqu'à celle de Mira, près
des frontières de l'Équateur. Presque toutes les rivières qui se jettent
dans l'Océan Pacifique, ainsi que les terrains qui les entourent,
contiennent de l'or. Citons, parmi les rivières les plus riches, le Dagua,
l'Anchicava, le Raposo, l'Yurumangui, le Naya, le Micay, le
Timbiqui, le Guapi, la Patia et la Mira.

Nous terminerons ce chapitre, écrit à l'aide de notes que nous
devons aux étrangers, en les invitant à venir eux-mêmes exploiter
les richesses que renferme notre sol et nous reproduirons, à cet effet,
les paroles de M. White :

« Le Gouvernement colombien favorise toute entreprise qui a pour
» but le développement matériel du pays. Connaissant les richesses
» incalculables du sol, il comprend l'importance qu'il y a à stimuler
» les efforts de ceux qui viennent contribuer au progrès de son indus-
» trie minière et de son commerce; aussi accorde-t-il généreusement
» des concessions et des privilèges. »

Le platine.

Le platine se rencontre dans les alluvions aurifères associé à l'iri-
dium, à l'osmium, au paladium, au rodium et au ruthénium.

Ce n'est qu'à partir de 1748 que l'on commença, en Europe, à
s'intéresser à ce métal; avant cette époque, il était déjà connu des
mineurs du Chocó et de Barbacoas, qui le jetaient comme un métal sans
valeur. A Popayan, depuis 1720, on séparait le platine de l'or à l'aide
du mercure.

---

(1) Dans la mine de Cargazon à Barbacoas.

Le *Journal de physique et d'histoire naturelle* (1785) dit que
« le platine séparé de l'or était jeté par des fonctionnaires royaux et
» en présence de témoins, dans le rio Bogotá, qui passe à deux lieues
» de Santafé, et dans le Cauca, qui coule à une lieue de Popayan. »

Vers 1851, le Dr Népomucène Duque, qui avait connaissance de
cette tradition, fit faire quelques recherches dans le rio Bogotá, mais
elles ne produisirent que quelques livres de platine.

En 1778, ordre fut publié de remettre sans rémunération, aux caisses
du roi, tout le platine extrait.

Dix ans après, on offrait de le payer, pour compte de Sa Majesté, à
raison de 2 pesos la livre, et à la fin de l'année 1788, on avait
recueilli, dans le Chocó, 152 arrobes et 20 livres de ce métal.

Les mines qui, à cette époque, produisaient le plus de platine,
étaient celles du rio Opogado, affluent de l'Atrato. Le prix minime
offert par le Gouvernement engagea les mineurs à vendre leur
platine par grandes quantités, à la côte, aux étrangers, qui le
payaient jusqu'à 12 pesos et réalisaient de brillants bénéfices en le
vendant en Europe.

Le baron de Humboldt écrivait ce qui suit au commencement de
ce siècle : « Le platine en grains ne se trouve qu'en deux endroits
» du globe, dans le Chocó et à Barbacoas ; on le rencontre dans
» certains terrains d'alluvions occupant une superficie de 600 milles
» carrés. Les mines de Condoto, Santa-Rita, Santa-Lucia et celles
» du Rio Iro, sont celles qui, en ce moment, donnent le plus de
» platine ; par contre, il y a des mines dans le Chocó, par exemple
» dans les districts de San-Agustin et de Guaicama, où on ne trouve
» pas la plus petite parcelle de platine. Dans la région où on
» l'extrait, le prix de ce métal est de 8 pesos, soit 40 francs la livre,
» alors qu'à Paris il coûte de 130 à 150 francs. »

Suivant M. Cochrane, en 1824, on extrayait annuellement du Choco
environ 10 quintaux de platine.

Le Dr José Manuel Restrepo dit dans ses *Noticias sobre las minas
de Colombia* :

« La quantité de platine exportée est minime, et, suivant des
» renseignement puisés aux sources les plus sûres, elle ne dépasse
» pas 1,500 livres par an. La livre de platine vaut de 16 à 20 pesos. »

Un Italien qui fit fortune à Cartagena, M. Bonolli, envoya, peu
avant 1850, une telle quantité de ce métal en Europe qu'il en fit
baisser le prix.

« Aujourd'hui on peut estimer la production annuelle du platine
» dans le Chocó à 50,000 pesos, dont les deux tiers au moins vien-

» nent du municipe de San Juan ; les rivières Condoto et Opogado
» contiennent beaucoup de platine (Dr Octavio Hurtado). »

Le platine du Chocó est le plus pur et le meilleur qu'on vende sur
les marchés étrangers : il contient de 80 à 85 p. c. de métal. Son
prix va toujours en augmentant, par suite de sa rareté et de l'emploi
toujours plus grand qu'il en est fait dans l'industrie.

DÉPARTEMENT DU TOLIMA

Le département du Tolima se trouve enfermé entre les
Cordillères centrale et orientale et le fleuve Magdalena. Toute
l'étendue de son territoire est riche en alluvions aurifères ; les filons
d'or, bien que nombreux, n'ont pas donné de résultats rémunérateurs. Dans la Cordillère centrale et sur une même ligne, à Mariquita, Ibagué et la Plata, se trouvent les plus riches mines d'argent
qui aient été exploitées dans le pays ; presque toutes sont aujourd'hui
abandonnées.

La ville de Mariquita, fondée en 1551, par le capitaine Francisco
Nunez Pedroso, est située au centre d'un pays où les placers d'or et
les mines d'argent abondent ; aussi, dès la seconde moitié du
xvie siècle, les Espagnols les mirent-ils en exploitation. Suivant un
chroniqueur de cette époque, les minérais d'argent, reconnus très
riches, donnaient par amalgamation de 1 à 1 1/2 p. c. ; ceux de la
mine de Manta, dont la veine avait plus d'un mètre d'épaisseur, produisaient jusqu'à 2 p. c. (1).

Les principaux centres miniers de la contrée étaient Santa-Ana,
Lajas, Bocanemé et San-Juan de Cordoba ; les gisements étaient
nombreux et abondants. Leur production baissa à partir de 1620 ;
cependant il y avait encore, en 1640, une exploitation active dans
9 mines à Santa-Ana, dans 10 mines à Lajas, plus 13 usines
d'amalgamation pour ces deux localités.

Le baron de Humboldt, qui visita la mine de la Manta, dit que ses
minérais contenaient 6 onces par quintal, et qu'il serait à désirer que
le Gouvernement reprit l'exploitation de cette mine d'argent autrefois
si riche.

Les mines de Mariquita furent exploitées jusqu'en 1729, année où

---

(1) En 1786, José d'Elhuyar, essaya les minérais à son tour et arriva aux
mêmes conclusions.

il fut défendu à leurs propriétaires d'obliger les Indiens à se livrer au travail des mines. Dix ans après, l'alcalde de Mariquita disait dans un rapport au roi : « Les mines d'argent ont produit des sommes » considérables, ainsi que pourraient le témoigner les armées et les » ministres de Votre Majesté. De plus, l'or est si abondant ici que la » terre semble nous inviter à l'en extraire, les pluies le mettant à nu; » malheureusement nous n'avons pas les ressources nécessaires pour » acheter des nègres... »

C'est pendant la période de 1585 à 1620 que les mines d'argent de Mariquita atteignirent le summum de la production. Victoria, ville fondée en 1558, à 15 lieues de Mariquita, comptait plusieurs mines d'or d'une grande richesse, ainsi qu'on le voit par des chroniques du xvıe siècle.

La production d'or ayant diminué, ses habitants vinrent grossir la population de Mariquita. Aujourd'hui, le nom même de cette ville est oublié. A notre avis, il serait intéressant d'explorer cette localité, dont les alluvions ont donné tant d'or et ne peuvent être épuisées.

C'est en 1551 que furent fondées les trois villes de Mariquita, d'Ibagué et de San-Sébastian de la Plata que nous pouvons considérer comme les trois centres de l'industrie minière du Tolima.

Nous parlerons, dans un chapitre spécial, des mines fameuses de la dernière de ces localités et dirons, d'abord, quelques mots d'Ibagué.

Le chroniqueur Pedro Simón dit que les mines d'argent de San Anton, à 5 ou 6 lieues d'Ibagué, furent, dans le principe, plus riches que celles de Mariquita; on y trouvait dans quelques endroits de l'argent massif.

Les alluvions aurifères de Miraflores, à une lieue d'Ibagué, étaient si abondantes que l'on recueillait l'or à pleines mains entre les racines des arbres et des herbes. Les propriétaires de ces mines ne considéraient que comme médiocre la production de 1,000 piastres d'or (2,300 grammes) par semaine, pour chaque équipe de 10 esclaves ou Indiens; car il arrivait souvent que chaque esclave extrayait pour 100 piastres d'or par jour, et un seul nègre réussit un jour à en retirer pour une valeur de 500 piastres.

Bien que ces placers s'épuisassent visiblement, ils restaient encore plus productifs que ceux de Remedios et de Zaragoza; un moment vint cependant où ils s'appauvrirent et où les équipes, harcelées par les Indiens, se transportèrent sur les bords du Venadillo, où l'on trouva également beaucoup d'or.

De riches placers furent aussi exploités près du rio Saldana et dans la vallée de Neiva.

Tel est le tableau que présentait le Tolima peu après la conquête : la terre dégorgeait l'or et l'argent de toutes parts et les prodiguait à ses nouveaux maîtres.

Vers 1772, on commença l'exploitation des mines d'argent de la montagne del Sapo (la montagne San-Anton, citée par Pedro Simón), dont le rendement était de 25 p. c. Les dernières entreprises n'eurent qu'un résultat médiocre.

En 1785, l'archevêque Góngora, vice-roi de la Nouvelle-Grenade, fit exploiter, pour compte du gouvernement, les 4 mines d'argent de Santa-Ana, la Manta, el Cristo et San Juan, sous la direction d'un habile ingénieur espagnol, Don Juan José d'Elhuyar. Les travaux furent poussés avec beaucoup d'énergie, dit le baron de Humboldt, mais les frais d'établissement, qui montèrent en 11 ans à 232,644 piastres, ne furent même pas balancés par le chiffre de la production ; c'est pourquoi le roi d'Espagne donna ordre, en 1795, de cesser l'exploitation de ces mines.

En 1824, le gouvernement de la République donna, à bail, les mines de Santa-Ana et de la Manta (les deux plus productives), à la maison Herring, Graham et Powles, de Londres, et ce contrat fut renouvelé en 1853 et en 1871, en faveur d'autres sociétés.

La première compagnie commença par envoyer de Londres un directeur, un ingénieur, des mineurs et tant d'employés que, en 1827, le personnel comptait 115 étrangers, dont les appointements moyens montaient à 50,000 francs par mois. On mit l'établissement sur le meilleur pied, on faisait venir des outils et des machines d'Angleterre, et on exploita avec énergie les mines de Santa-Ana et de la Manta (1) jusqu'en 1829, année où cette dernière mine fut abandonnée à cause de sa pauvreté. Après mille ennuis, la Compagnie ne put commencer à extraire l'argent qu'en 1830. Suivant un rapport publié, en 1837, par la maison Powles, Illingworth et Cᵒ, les frais, jusqu'en 1836, s'élevaient à 1,409,488 piastres et la valeur de l'argent obtenu à 138,740 piastres. Il ne nous a pas été possible de savoir exactement quelle a été la quantité d'argent extraite à Santa-Ana de 1836 à 1874. Mais nous savons positivement qu'aucune des trois compagnies qui se succédèrent

---

(1) La location des mines de Santa-Ana et de La Manta, de Supia et de Marmato a donné au gouvernement pour l'exercice biennal de 1887 et 1888 $ 7,009.88; pour 1889 $ 3,909.90. Evaluation pour l'exercice 1889 et 1890 $ 16,000. *(Informe del ministro de hacienda, p. 78.)*

dans l'exploitation de cette mine, dans l'espace de 50 ans, ne retira les frais excessifs qu'elle fit. Certaines années pourtant (1847, 1848, 1857 et 1856) la production monta à 1 million de francs, et il en résulta des bénéfices. Nous estimons à environ 20 millions de francs l'argent extrait jusqu'au moment où l'entreprise fut abandonnée.

En 1874, le gouvernement accorda la résiliation du contrat. La mine de Santa-Ana fut exploitée à une grande profondeur ; elle avait deux puits, l'un de 600, l'autre de 900 pieds, et les travaux étaient arrivés à plus de 100 brasses au-dessous du niveau du Rio Morales : à cette profondeur, l'exploitation était très difficile et coûteuse : de plus, le filon principal s'appauvrit, de là l'abandon de la mine.

Indépendamment des mines d'argent de Mariquita que nous avons citées, il en existe beaucoup d'autres ; le nombre de celles qu'on avait officiellement déclarées dépassait, les dernières années, deux cents.

M. Guillaume Welton découvrit et exploita, en association avec M. W.-D. Powles, la mine d'argent de Frias, qu'ils vendirent à une compagnie anglaise, *The Tolima mining Company*. L'habile directeur de cette mine M. Edouard Gledhill a eu l'obligeance de nous communiquer les renseignements suivants :

« En 12 ans 1/2, de 1871 à 1883, on a extrait et exporté des
» mines de Frias 5,123 tonnes de minerai argentifère, dont la
» richesse, qui a varié entre 274 et 376 onces d'argent par tonne, a
» donné une moyenne de 311,4 onces, soit un total de 1.595,371
» onces, d'une valeur de 1,757,746 piastres.

» Les minéraux qui dominent sont : le sulfure de plomb argenti-
» fère et celui de zinc, alliés au sulfure de fer ; on rencontre souvent
» le sulfure d'argent et parfois l'argent rouge et natif.

» La gangue principale de la veine se compose de quartz mêlé de
« carbonate de chaux.

» Les filons traversent des micaschistes et des talcschistes et ont
» une épaisseur variant de quelques pouces à quelques pieds.

» Les travaux ont atteint une profondeur de 600 pieds anglais.
» Les veines donnent de 5 à 10 p. c. de minerai exportable. Le
» minerai est exporté, sa composition le rendant impropre à l'amal-
» gamation. L'établissement occupe mille personnes. La production
» brute de la mine de Frias a été de 405,446 piastres en 1883, et
» même supérieure l'année suivante. Depuis, elle a diminué considé-
» rablement. »

La mine del Cristo de las Lajas appartient à une compagnie américaine, qui, pleine de grandes espérances, y établit des travaux d'exploitation considérables.

M. W.-D. Powles, ingénieur de l'école de Freiberg, et très compétent pour ce qui concerne les mines de Santa-Ana, nous communique les observations suivantes :

« La richesse des filons argentifères n'est sujette à aucune règle :
» à un minerai riche succède un minerai pauvre, qui, à son tour,
» s'enrichit pour s'appauvrir de nouveau.

» Ces changements se produisent jusqu'à la plus grande profon-
» deur connue. La richesse de certains filons est visible à la super-
» ficie du sol, tandis que pour d'autres, elle ne se manifeste qu'à une
» certaine profondeur. Le croisement de deux filons produit un
» changement certain : si le filon exploité est riche, sa richesse
» augmente considérablement, et s'il est pauvre, souvent encore il
» devient plus riche.

» La composition d'un filon argentifère varie beaucoup ; dans
» l'un, la blende abonde, dans l'autre la galène ou les pyrites; c'est
» pourquoi le traitement du minerai diffère d'une mine à l'autre. »

Dans le nord du Tolima, sur le versant oriental de la Cordillère centrale, un propriétaire d'Antioquia, connu pour son caractère entreprenant, M. Pantaleon Gonzalez, exploite des mines d'or.

Pour faire connaître les progrès de l'industrie minière dans cette partie du département, nous croyons ne pouvoir faire mieux que de copier ici les renseignements que M. Gonzalez a eu l'obligeance de nous communiquer :

« Il y a beaucoup de gisements d'or dans le district de Manza-
» nares, mais un seul, celui de Agua-Bonita est exploité ; la première
» année sa production, avec un outillage assez défectueux, a atteint
» une valeur de 32,000 piastres. La veine est large de 3 à 4 pieds.
» Cette mine appartient à une société qui se propose de bien
» l'exploiter.

» Dans toute la province, on rencontre, dans les parties hautes,
» des filons d'or et d'argent qui restent vierges, faute de capitaux et
» de connaissances.

» Quant aux mines d'alluvions, il y en a beaucoup, dont quelques-
» unes bien outillées, entre autres :

» Les mines de Guarino, dans le Fresno, qui ont produit pour
» plus de 150,000 piastres en 7 ans, bien qu'elles manquent d'eau ;
» si l'on arrivait à utiliser les eaux du rio Perrillo, ce seraient les
» mines les plus productives de la province.

» La mine de San-Miguel donne un rendement passable, et celle
» de Campeon, appartenant à un Américain, est très riche. A Mari-
» quita, la mine de Mal-paso, propriété d'une société anglaise, a de

» bonnes machines et obtient de 10 à 36 livres d'or par mois. Celle
» de Cajongora, bien qu'elle n'ait pas suffisamment d'eau, donne
» 6 livres d'or par mois ; elle est aussi riche que celle de Mal-paso.
» Les placers de la Reforma et d'Orità commencent à être exploités ;
» ce dernier paraît être très riche. A Frias, la Compagnie proprié-
» taire des mines d'argent exploite également une mine d'alluvions.
» Enfin, à Lerida, une compagnie colombienne possède les mines du
» Zancudo et de Padilla ; elles ont des machines hydrauliques et
» donnent de beaux bénéfices.

» En résumé, les alluvions d'or sont abondantes dans la province
» du Nord. Toute la Cordillère est aurifère, et si les perturbations
» politiques n'effrayaient autant les capitalistes étrangers, nous
» verrions se transformer complètement et prospérer rapidement
» cette région si bien dotée. »

A Organos, il y a beaucoup de filons d'or et d'argent ; la seule
mine en exploitation est celle de Constancia ; le minerai en est riche,
mais peu abondant. Les alluvions si réputées du district de Miraflores, de même que celles des rivières Coello, Sabandija, Venadillo, etc., ne sont pas exploitées, faute de capitaux et de bras. Le
Saldana et ses affluents ont la réputation, fondée, d'être riches.

Il règne, dans le département, un grand enthousiasme pour la
découverte des mines ; il s'est formé, à cette fin, de nombreuses
sociétés ; elles ont deux écueils à éviter : l'impatience d'acquérir des
richesses, qui peut mener aux entreprises hasardeuses, et l'absence
de mineurs expérimentés.

Il résulte de ce qui précède que le Tolima renferme de grandes
richesses minérales que l'on peut considérer presque comme vierges,
puisque l'on a à peine extrait de son sol pour une valeur de 52 millions de piastres d'or et d'argent, depuis la conquête, alors que ses
mines pourraient produire annuellement 2,500,000 piastres ! (1)

---

(1) Le gouvernement national et celui du département du Tolima
avaient chargé M. John C.-F. Randolph d'examiner les mines de cette
région ; encouragés par ses rapports sur la richesse de certains gisements,
ils se sont décidés à les exploiter en compte à demi, conformément au
contrat du 27 février 1889 et à celui du 28 novembre 1889, publiés au
Diario oficial.   *(Informe del ministro de Fomento, 1890.)*

Les mines de San-Sebastian de la Plata.

La ville de San-Sebastian de la Plata, dans la vallée de Cambis, fut fondée en 1551 par les Espagnols, attirés par les riches mines d'argent qui se trouvaient dans son voisinage. Elles étaient en pleine exploitation et donnaient de magnifiques résultats, lorsque les Indiens s'emparèrent de la ville, la brûlèrent de fond en comble, en massacrèrent les habitants et comblèrent les mines de terre (1577). Depuis lors, il ne fut plus question de San-Sebastian de la Plata dans l'histoire. M. Fernando Durán en découvrit les ruines en 1848, et M. Gabriel Borrero les galeries des mines en 1862 (1).

En août 1886, a été fondée la Compania minera de la Plata, dont le capital est divisé en 510 actions. Les anciens travaux d'exploitation ont été explorés au moyen de galeries qui ont coûté plus de 60,000 piastres; on y a trouvé des morceaux de cuivre gris contenant de 15 à 17 p. c. d'argent.

M. White, après avoir examiné les nouveaux travaux, écrivit que les mines de la Plata « avaient des filons d'une puissance extraordi-

---

(1) Sous le titre : *Apuntaciones sobre los filones auríferos del Tolima* (Remarques sur les filons auríferos du Tolima), M. Vicente Restrepo a publié dans la *Revista literaria*, de Bogotá, un intéressant article dans lequel, avec la compétence qu'on lui connaît, il exprime son opinion sur les causes de l'insuccès des entreprises minières dans ce département et sur les moyens de modifier ce résultat.

M. Restrepo dit que l'abandon de plusieurs entreprises qui promettaient de beaux bénéfices, « provient du fait qu'à mesure que les travaux » avancent en profondeur, on rencontre les pyrites dans leur état normal, » c'est-à-dire sans être décomposées par l'action de l'air, d'où la difficulté » d'en séparer l'or. »

M. Restrepo examinant ensuite quelles sont les meilleures méthodes d'exploitation pour ces minerais, s'exprime comme suit :

« Pour résoudre cette question difficile, il est nécessaire de se livrer à une étude approfondie de la nature du filon; cependant, nous tâcherons d'établir quelques règles générales qui puissent servir à fixer les idées et à déterminer ensuite ce qu'il convient de faire en certains cas.

« Les minerais d'or du Tolima peuvent être classés en trois grands groupes : les quartz auríferos, pauvres en sulfures; les pyrites auríferos et les minerais complexes (pyrites de fer et de cuivre, galène, etc.), contenant l'or natif et des sulfures ou d'autres composés d'argent.

« Les moulins d'Antioquia suffisent pour le traitement des quartz auríferos; mais si l'on veut obtenir le meilleur rendement possible, on

» naire et qu'on y trouvait des minerais d'une richesse réellement
» surprenante. »

Ce rapport fit monter les actions à 1,500 piastres ; depuis, elles
ont baissé.

M. John Randolph, ingénieur très compétent, fut chargé
d'examiner les mines de la Plata et d'en faire rapport. Il dit ce qui
suit, en janvier 1888 :

« Il est évident qu'on n'est pas encore arrivé à découvrir, en
» quantité satisfaisante, le minerai d'argent de bonne qualité, mais ce
» que l'on a extrait pourtant est de nature à stimuler les efforts dans
» l'avenir. La formation géologique du sol est particulière et difficile à
» déterminer ; une couche épaisse de terre couvre les indices de
» filons et de minéralisation si appréciés des mineurs... A l'extrémité
» de la galerie Panama, se trouve une veine de quartz d'une épais-
» seur considérable qui me paraît avoir meilleure apparence de
» minéralisation que celles que j'ai vues. Néanmoins, je ne veux rien

doit faire usage des moulins de Californie. Les résidus doivent être
amalgamés directement ou après calcination, suivant le cas.

« Le même procédé ne peut être appliqué aux pyrites aurifères, car
nous avons vu qu'il ne suffit pas de les faire passer par le moulin, pour
que l'or en soit détaché. Les pyrites, après avoir été broyées, doivent être
calcinées, pour passer ensuite aux chaudières d'amalgamation, ainsi que
l'indique M. Riotte. La méthode de chloruration pourrait également être
employée, si le D' Zerda Bayon parvenait, comme il le pense, à produire le
chlore à bon marché.

« Le troisième groupe, celui des minerais complexes contenant de l'or
et de l'argent, est, à notre avis, le plus important de tous ; il comprend les
riches filons de la China (district de Caldas), ceux del Libano et autres.
Leur exploitation est aujourd'hui difficile et coûteuse, mais le jour où on
les connaîtra mieux et qu'on saura les traiter convenablement, ils formeront
une richesse considérable.

« Quant au système de traitement de cette classe de minerais, nous
procéderons par élimination. La fonte ne leur convient pas, parce que le
Tolima n'a pas les houilles qui donnent le coke ; de plus, les moyens de
transport économiques font défaut, et les minerais contenant du plomb
sont rares.

« La chloruration a le grave inconvénient de ne pouvoir servir que pour
l'extraction de l'or ; l'argent se perd par ce procédé. M. Riotte indique le
traitement suivant comme étant le seul qui puisse, pour le moment, être
employé pour les minerais oro-argentifères du Tolima : calciner, broyer
à l'eau, extraire tout l'or natif possible sur des plaques d'argent étamées,
réunir, sécher et calciner les pyrites au four à réverbère, mettre les cendres
en sacs et les exporter. »

» en affirmer, avant que l'on ait suivi cette veine sur une certaine
» étendue... Pour conclure, je dirai que rien ne prouve que cette
» mine ait de la valeur ou non. »

Cette entreprise justifiera-t-elle les grandes espérances qu'elle a
fait concevoir? Nous le souhaitons vivement.

PANAMA ET DARIEN

I.

Diego de Porras, dans la relation du quatrième voyage de Christophe Colomb, dit qu'en entrant avec ses vaisseaux dans le rio de Veragua (1503), le grand navigateur s'informa auprès du cacique où étaient les mines d'or; le chef indien fit conduire aux mines, par deux de ses fils, les Espagnols qui purent, sans outil, y recueillir assez bien d'or en quelques heures.

Les mines d'alluvions de Veragua furent exploitées en grand, aussitôt après la conquête de l'isthme et donnèrent beaucoup d'or. A la fin du XVIe siècle, de nombreuses équipes d'esclaves y travaillaient.

Bancroft, dans son *Histoire de l'Amérique centrale*, dit : « La
» province de Veragua est située entre les deux océans et se compose
» en grande partie de montagnes à pic, inaccessibles, où naissent des
» torrents qui charrient le précieux métal en abondance. Les Espa-
» gnols eurent vite connaissance de cette richesse, et les mines furent
» envahies par des ouvriers. Quand les bras des indigènes ne suffirent
» plus à la tâche, les Espagnols prirent à leur service des nègres
» robustes, dont le nombre, à l'époque la plus prospère de l'industrie
» minière (1570), atteignit 2000. »

La richesse des mines de Veragua s'épuisa avec le temps. Les propriétaires se transportèrent avec leurs esclaves aux bords du Porce; il est vrai qu'une autre raison fit cesser le travail à Veragua et à Panama; les habitants préférèrent s'adonner à la pêche des perles, dont le rapport était plus certain.

Cependant le lavage des sables aurifères n'a jamais été interrompu dans cette région; parmi les rivières qui donnent le plus d'or, il faut citer celles de Santiago, Concepcion, Barrera et Japaterito. « Tout
» porte à croire, dit M. Lock, qu'il existe un immense dépôt aurifère
» dans la partie basse des rapides de la rivière de Santiago, car

» en 1855 et en 1856, on y lava des terres excessivement riches. On
» a dit qu'un seul baquet (batea) de terre donnait une livre d'or et
» davantage. A différentes époques, on a essayé de laver les sables
» du lit de cette rivière, mais la profondeur des eaux était trop
» grande et les systèmes employés trop imparfaits. »

Le colonel W. D. Farrand s'est mis, ces dernières années, à
exploiter les riches filons de quartz aurifère, dans la province de
Veragua, à quelques lieues du golfe de Parita. Il a coopéré à la
création de deux Sociétés minières américaines qui ont établi des
pilons. Tout le district est excessivement riche. Beaucoup de mineurs
californiens ont visité les mines et ont déclaré qu'elles sont très étendues
et donnent d'aussi sérieuses espérances que celles de Californie, de
Nevada, de Colorado et du nouveau Mexique. La main d'œuvre est à
bon marché, et les vivres y sont abondants et de bonne qualité. (*Star
and Herald*, 23 avril 1887).

II.

La richesse des mines du Darien a été proverbiale depuis la conquête, et a valu primitivement à cette région le nom de Castille d'or.
Vasco Nunez de Balboa disait en 1513, dans une lettre écrite au roi :

« On a découvert dans cette province beaucoup de mines donnant
» de l'or en quantité; nous avons reconnu le cours de 30 rivières qui
» en contiennent; elles prennent naissance dans une montagne à
» deux lieues de cette ville (Santa-Maria la Antigua). »

Le Darien fut peuplé tard, et ses mines ne furent exploitées que
dans la seconde moitié du XVIIe siècle. Les Espagnols s'occupèrent
de laver les sables aurifères des affluents du Tuira jusqu'à
l'époque (1680) où fut découverte, sur le plateau de Cana, la mine de
Espiritu Santo, la plus riche de la Colombie, et à laquelle nous
consacrons un chapitre spécial. Cette mine augmenta considérablement la production de cette région, qui fut pendant plusieurs années,
supérieure à celle de toutes les autres provinces réunies du nouveau
royaume de Grenade. En 1708, la production annuelle de cette mine
était de 12,615 livres. En 1713, 40 équipes de mineurs exploitaient
les huit mines d'alluvions. Le soulèvement général des Indiens, en
1726 et 1727, mit fin à cette période de prospérité.

Pendant longtemps, toute tentative d'exploitation de mines dans le
Darien échoua : les Indiens massacraient impitoyablement les équipes
de mineurs qu'ils rencontraient à la recherche du précieux métal.

Il existait, en effet, chez eux une légende terrible : celui qui
révélait aux étrangers un gisement d'or, voyait fondre sur lui, sur sa
famille, et jusque sur sa tribu, les maladies les plus affreuses et
les malheurs les plus grands; celui qui enlevait aux entrailles de la
terre l'or que la nature y avait déposé, était frappé de mort subite.
On comprend si cette superstition paralysa le travail des mines dans
le Darien.

M. Lucien De Puydt assure que presque toutes les rivières du
Darien et, en particulier, celles qui se jettent dans le Pacifique,
contiennent des sables aurifères.

Les derniers explorateurs du Darien vantent tous ses richesses.
M. Edouard Cullen, qui le parcourut en 1850, dit que près de
Molineca, il a trouvé de l'or en abondance dans les ruisseaux, de
même que des morceaux de quartz très riches en or.

M. Houël, qui se trouvait à Cana, en 1853, écrivait : « Les
» laveurs d'or assurent que le sol de cette localité est plus riche en
» or que celui de n'importe quelle autre région. »

M. Armand Reclus dit dans sa relation de voyage, *Panama et
Darien* (1881) : « Les richesses géologiques de cette région sont
» incalculables. Les mines d'or de Cana, bien qu'elles fussent mal
» exploitées, étaient les plus riches de l'Amérique centrale. »

M. Ch. Saffray, dans son *voyage à la Nouvelle Grenade* (1869)
s'exprime comme suit : « C'est par le Darien que commencera la
» prospérité du Chocó. Aucune autre région n'offre un champ plus
» heureux aux entreprises de toutes espèces. Toutes les richesses y
» sont accumulées, arbres précieux dans les forêts, métaux utiles
» dans le sol, perles au fond de la mer. »

La mine de Espiritu-Santo.

I.

On appela primitivement Castille d'or, le territoire encore presque
inexploré, qui s'étend à l'est de l'isthme de Panama et qui est généralement connu sous le nom de Darien. A la fin du xvii\[e\] siècle et au
commencement du xviii\[e\], on y exploita beaucoup de mines d'or, mais
le centre le plus riche d'exploitation était à Santa Cruz de Cana.
William Dampier disait en 1684, que ces mines étaient, à cette
époque, les plus riches de l'Amérique (*The richest gold mines ever*

yet found in America). Ringrose, Andrés de Ariza, Alcedo en
parlent dans les mêmes termes; Lionel Gisborne dit que ces mines
sont très riches, et le sont peut-être plus que celles qui ont été
découvertes en Californie. Dampier est le premier écrivain qui
désigne assez clairement la fameuse mine de Espiritu Santo, la plus
riche entre toutes dont nous allons parler. Après avoir rapporté dans
son *Nouveau voyage autour du monde* que le capitaine Harris
s'empara, en 1684, des mines de Cana, voici ce qu'il ajoute à leur
sujet : « Indépendamment de l'or que l'on extrait des sables, on
» trouve fréquemment de grands morceaux de ce métal incrustés
» dans le roc, de telle façon que l'on pourrait croire qu'il y est
» produit naturellement. J'en ai vu un morceau de la grosseur d'un
» œuf de poule; le capitaine Harris, qui prit dans les mines 120
» livres d'or, me dit que l'on extrayait des morceaux plus grands
» encore. Ces morceaux d'or ne sont pas durs; ils ont des crevasses
» et des pores remplis de terre. »

Nathaniel Davis dit dans son *Voyage aux mines d'or*, écrit en
anglais : « La mine est située sur le versant d'une grande colline, à
» environ 30 yards de profondeur, et renferme des galeries aussi
» nombreuses que profondes. Le minérai, espèce de mélange de
» roches, aussitôt extrait, est transporté à un moulin à broyer; puis
» il est lavé, transformé en briques pour permettre la taxation des
» droits royaux (derechos de quinto). Lavé pour la seconde fois, il
» est séparé de la terre et de la gangue, jusqu'à ce qu'il reste pur.
» Chaque jour, on extrait une grande quantité d'or. Tout coûte là des
» prix excessifs : une livre de sucre se paie 15 shillings, et les autres
» aliments en proportion. Le 1er septembre, nous envoyâmes une
» compagnie de nos hommes avec quelques Espagnols et quelques
» nègres pour laver l'or du minérai. En moins d'un jour, ils nous
» rapportèrent 5 livres et 9 onces d'or. Le jour suivant, il en fut
» extrait 6 livres. Le 3e jour, nous envoyâmes 24 nègres à la
» mine; ils nous rapportèrent 8 livres. Le produit du 4e jour fut de
» 14 livres. »

La crainte d'être attaqués par les Espagnols engagea les pirates à
abandonner la mine.

II

Don Andrés de Ariza, gouverneur du Darien, adressa en 1774, au
vice-roi Guirior, un rapport très détaillé intitulé : *Comentos de la rica
y fertilisima provincia del Darien;* il y est longuement question de

la mine de Espiritu-Santo et nous en extrayons les renseignements
suivants :

« Les montagnes de Santa-Cruz de Cana abondent à ce point en
» minérai d'or, que ce que nous pourrions en dire paraîtrait exagéré,
» si nous ne pouvions nous baser sur le témoignage des personnes
» qui ont travaillé dans la fameuse mine de Espiritu-Santo. Cette
» mine a été exploitée jusqu'en 1727 ; la veine d'or qu'elle contenait
» était très riche et d'un métal si pur que son titre dépassait
» 22 carats. Deux cents ouvriers y travaillaient. Le minérai du fond
» de la fosse était monté au jour au moyen d'un appareil mû par
» deux ouvriers ; le fond de la fosse, où travaillaient ces deux
» hommes, n'ayant pas été suffisamment étançonné, il se produisit
» un éboulement qui ensevelit à tout jamais les deux malheureux.
» Cet accident qu'on appréhendait de voir se reproduire, la crainte
» des pirates, les soulèvements des Indiens découragèrent les
» mineurs qui désertèrent la mine, sans qu'il fût possible de les
» retenir ; les propriétaires eux-mêmes retournèrent à Panama.

» On rapporte que les ouvriers venaient au bal les poches pleines
» de poudre d'or et qu'ils en saupoudraient la tête des femmes et
» même le sol. L'or était si abondant qu'on fut obligé de revêtir de
» madriers les piliers de minérai qu'on laissait pour soutenir les
» galeries, afin d'éviter que les personnes qui pénétraient dans la
» mine, n'en dérobassent peu à peu la terre.

» Chaque ouvrier gagnait par mois 181 pesos, soit 900 francs. Un
» esclave d'un des derniers propriétaires découvrit un dépôt d'or
» d'un poids de 600 livres, suivant les uns, de 160 à 200 livres,
» suivant les autres ; le nègre dut à cette trouvaille sa liberté, celle
» de sa femme et une certaine aisance. »

On trouvera surprenant, sans doute, qu'une mine aussi riche ait
pu rester inexploitée pendant un siècle et demi. La raison en est bien
simple. Après les fréquentes incursions des flibustiers, qui s'emparèrent de Cana en 1684, 1702, 1712 et 1724, éclata le soulèvement
général des Indiens dirigés par le métis Luis Garcia. Cette insurrec-
tion, qui coïncida avec l'éboulement dans la mine de Espiritu-Santo,
fut si terrible que toutes les familles aisées abandonnèrent le Darien
et se réfugièrent à Panama et à Cartagene. La ville de Cana, qui
comptait près de 1,000 maisons, fut brûlée ; on en voit les ruines
dans la forêt, et non loin de là des excavations, des étangs, des
canaux pour amener les eaux, des galeries en partie ouvertes, etc.
Suivant Ariza, le Darien, qui, en 1727, comptait 20,000 habitants,
n'en avait plus que 1,000 en 1777.

Le souvenir des richesses cachées dans la mine de Espiritu-Santo s'était conservé dans le peuple, mais le chemin qui conduisait à cet Eldorado était oublié, envahi par la végétation luxuriante de la forêt vierge.

III

Dans le cours de ce siècle, on a fait quelques tentatives pour découvrir et explorer la mine de Espiritu-Santo, mais elles se sont bornées à un examen superficiel du sol.

En 1877, M. Lucien N. B. Wyse, chargé d'explorer le Darien pour compte de la Compagnie du Canal de Panama, reconnut l'emplacement et les ruines de l'ancienne ville de Santa-Cruz de Cana ; la Compagnie eut l'intention d'exploiter la mine de Espiritu-Santo, mais dut y renoncer, parce qu'elle avait oublié de remplir les formalités exigées par la loi. M. Wyse se plaît à reconnaître l'excellente situation de la localité pour une exploitation de grande importance.

« Le climat du plateau de Cana, dit-il, est réellement délicieux.
» La fertilité de son sol est admirable, ainsi que le prouvent les
» belles plantations des Indiens. L'abondance des eaux permet
» d'entreprendre avec succès les différentes cultures ; tout laisse
» supposer que si l'on voulait plus tard tirer parti des grandes
» richesses minérales de l'endroit, on trouverait sur les lieux toutes
» les facilités désirables. »

En ce qui concerne la production des mines de Cana, et en particulier celle de Espiritu-Santo, voici les renseignements que nous avons pu recueillir à ce sujet :

Don Manuel de Montiano, gouverneur de Panama, écrivait au vice-roi en 1750 :

« Les mines du Darien arrivèrent à produire par an plus d'un
» million de piastres en or. »

M. Ed. Cullen dit que, suivant des documents qui existent aux archives à Bogota, le produit annuel des droits perçus par le gouvernement pour la mine de Espiritu-Santo était de cent mille castellanos (1,420,000 francs).

Airian et Felipe Perez, dans sa *Geografia de los Estados Unidos de Colombia*, confirment ce chiffre.

On peut hardiment estimer à 200 millions de francs la production d'or de la mine del Espiritu-Santo pendant les 50 ans que dura son exploitation.

En 1883, la mine fut acquise par la *Compania minera del Darien* dont le siège était à Bogota. Elle céda ses droits à la *Darien gold mining Company*, constituée à Londres en 1887, en échange d'un certain nombre d'actions. Aujourd'hui cette mine doit être en pleine exploitation. Aucune mine en Colombie n'a un passé historique aussi brillant que celle de Espiritu-Santo; aucune n'a produit, ni autant qu'elle, ni de minérai aurifère aussi riche. Si l'on retrouve son fameux filon, nul doute qu'elle ne devienne la première de toutes les mines de ce riche pays.

DÉPARTEMENT DE BOLIVAR

Quand Don Pedro de Heredia quitta Cartagéne, en 1534, à la recherche de l'Eldorado, les Espagnols trouvèrent dans la localité de Zénu, qui était une nécropole, une quantité considérable de bijoux et d'objets d'or. Après déduction des droits du Roi, il resta à l'expédition un butin de 2 millions de francs. Cet or provenait d'échanges faits avec les tribus habitant les bords du Porce et du Nechi.

Aux xviie et xviiie siècles, de riches placers aurifères furent exploités à Simiti et à Guamoco, au sud-est du département.

Le capitaine Juan Perez Garavito, par ordre du gouverneur de Zaragoza, conquit la province de Guamoco en 1611; il y trouva des alluvions d'où l'on tira de grandes quantités d'or fin; aussitôt les propriétaires de mines de Zaragoza de venir s'y établir avec leurs équipes de nègres, malgré les difficultés occasionnées par le manque de routes. Le succès répondit à leur attente. Les plus riches placers de Simitri furent ceux de San Lucas exploités au milieu du xviiie siècle; la production d'or de 4 années atteignit 600,000 piastres (3 millions de francs), et bien que la quantité d'or, les années suivantes, ne fût plus aussi considérable, on arriva encore à extraire pour 15,000 piastres d'or par an. Les mines de Guamoco avaient beaucoup perdu de leur importance en 1770.

La formation géologique du sol de Guamoco, sur les bords de la rivière Tigüi, affluent du Nechi, et à proximité de la plus riche région aurifère d'Antioquia, nous fait supposer que l'or abonde dans ce district. On nous assure que l'on y rencontre beaucoup de veines de ce métal. Malheureusement, cette localité se trouve au milieu d'un pays dépeuplé et loin de toute communication et, pour ces raisons, le travail des mines y est aujourd'hui à peu près nul.

La rivière du Sinu contient de l'or en paillettes très fines. A Ayapel, village situé près du rio San-Jorge, on a exploité des mines d'alluvions. A Uré, près de la même rivière, les nègres extraient d'une argile, dont le rouge est si intense qu'elle semble du vermillon, un or d'un titre élevé et dont les pépites pèsent jusqu'à une livre.

Au commencement de ce siècle, l'Arisa et le Norosi, sous-affluents du Magdalena et du Cauca, ont produit une certaine quantité d'or (1).

DÉPARTEMENTS DE LA RIVE ORIENTALE DU MAGDALENA

I. — Cundinamarca.

Le grand fleuve Magdalena traverse le territoire de la Colombie du sud au nord, le coupant en deux et servant de ligne de démarcation entre les différents départements (à l'exception du Tolima, qui s'étend partiellement à l'est du fleuve). On peut dire, d'une façon sommaire, que les départements situés à l'ouest du Magdalena sont tous aurifères, tandis que l'or et l'argent ne se trouvent qu'accidentellement dans ceux de l'est.

Les mines de Tocaima étaient déjà exploitées au xvi° siècle. La tradition a conservé le souvenir d'un certain Juan Diaz Jaramillo qui y exploita une mine d'une richesse telle qu'il en mesurait l'or par fanègues ; désireux que la postérité se souvint de son nom, il se fit construire à Tocaima un palais magnifique, un véritable alcazar ; mais il fut détruit, en même temps que la ville, en 1581, dans une inondation de la Bogotá. Toutefois les ruines de ce palais furent trouvées assez belles encore pour servir à la décoration de deux

---

(1) Il règne une certaine activité dans l'exploitation des mines du département de Panamá. La principale mine exploitée est celle de Cana, dans le district du Darien ; sous la domination espagnole, elle a produit énormément. Les anciens travaux ont été explorés et aménagés de façon que l'obscurité ne soit pas un obstacle aux futures opérations. Des machines ont été installées pour tirer l'eau et monter les minerais ; les moulins sont en voie de construction. Les agents de la compagnie gardent le silence au sujet de la valeur de la mine ; on croit généralement que le minerai est d'excellente qualité. A las Cascadas, à proximité du chemin de fer, les travaux avancent beaucoup dans une mine où l'or se trouve natif ; on pourrait laver facilement une partie de cet or suivant la méthode primitive, si on pouvait obtenir de l'eau en quantité suffisante ; l'exploitation n'est pas encore assez avancée pour que l'on puisse émettre une opinion au sujet de sa valeur.

(Rapports diplomatiques et consulaires du Gouvernement britannique, 1890.)

églises de la nouvelle ville et de la magnifique église de la Conception de Bogota.

La mine de Juan Diaz se trouvait dans le nord du Tolima, mais on ne sait plus dans quelle localité.

Les alluvions de l'Ariari sont riches et furent exploitées depuis la conquête; la province de San-Juan de los Llanos abondait en mines d'or qui furent exploitées autrefois, dit l'historien Ant. de Alcedo. Mais la principale richesse du département de Cundinamarca, ce sont les mines de sel gemme de Zipaquira, Nemocon et Sesquilé; ce sont les oxydes de fer, les mines de cuivre et de houille.

C'est, en 1718, que fut accordé le privilège de fondation de la Monnaie de Bogota. Il y est entré, jusqu'en 1886, 116,307 kilos d'or et 287,413 kilos d'argent, qui ont produit 99,563,623 piastres en pièces d'or et 12,016,205 piastres en pièces d'argent.

II. — Boyaca.

Ce département est pauvre en or.

Guateque et Cocuy sont les seules localités où l'on a extrait un peu de ce métal.

Citons pourtant l'opinion du général Augustin Codazzi : « On croit, dit-il, qu'il y a de bonnes mines d'or dans les terrains d'alluvions de Muzo et de Otro-Mundo. »

Il y a dans le Boyaca des sources d'eaux minérales abondantes, des gisements de houille, de fer et de cuivre; les mines de cuivre de Moniquira sont célèbres pour leur richesse et l'excellence de leur minérai.

Les émeraudes de Muzo, connues, il n'y a pas longtemps encore en Europe, sous le nom d'émeraudes du Pérou, jouissent d'une renommée universelle.

III. — Santander.

Peu de temps après la fondation de la ville de Pamplona, en 1556 ou 1557, on découvrit, dans ses environs, de riches mines d'or. Les alluvions de la vallée de Surata, et en particulier un haut plateau nommé Paramo-Rico, produisirent des quantités d'or prodigieuses. Dans ce dernier endroit, toute la colline était remplie de pépites d'or jusqu'à 20 centimètres de profondeur. Au bout d'une année, ce trésor extraordinaire était épuisé, après avoir enrichi tous les habitants de Pamplona: on cite, entre autres, la bonne fortune d'un chercheur qui, en un seul jour, tira du sol mille piastres d'or (2,300 grammes).

A peu de distance de Páramo-Rico, on découvrit et on exploita les nombreux filons d'or et d'argent de la Montuosa et de Vetas ; ces mines furent célèbres par leur richesse au xviie siècle. On voit encore à la Baja les restes de sept usines d'amalgamation établies pour le traitement des minérais d'argent.

Juan Gomez de Villalobos, en exploitant la mine d'or de Pie-de-Gallo, dans la Montuosa Baja, dont le métal est très fin, y trouva la plus lourde masse d'or massif qui ait été extraite dans tout le Nouveau-Monde. Les mineurs en détachèrent, en quelques heures, 140 livres (64 kilog. 400 gr.), mais comme ils avaient négligé d'étayer la galerie, elle s'écroula et ensevelit une grande partie de ce trésor. Le bloc d'or extrait de la mine Monumental, en Californie, ne pesait que 113 1/2 livres espagnoles. On prétend que, lorsque cet éboulement se produisit, le propriétaire, déjà vieux et possesseur de grandes richesses, ne voulut plus continuer l'exploitation.

Au commencement du xviie siècle, les mines étaient déjà en décadence.

Vers 1766, le vice-roi Messia de la Zerda encouragea, autant qu'il put, le travail dans les mines de Pamplona ; d'autres furent exploitées à Barrientos.

A cette époque, il n'existait plus que des laveurs d'or, établis aux bords des rivières et vivant au jour le jour.

Nous donnons dans un chapitre spécial les causes qui amenèrent, à notre avis, la décadence des mines de Alta, Baja et Vetas, au commencement du xviie siècle, et l'insuccès qui marqua les travaux d'exploitation entrepris dans les mêmes mines au courant du xviiie et du xixe siècle.

En 1820, ces mines se trouvaient dans un complet abandon, lorsque le gouvernement de la République y envoya don Manuel Pardo pour y reprendre les travaux ; puis, en 1824, l'Association Colombienne des mines, de Londres, prit les mines à bail. Des mineurs furent envoyés d'Europe et, en 1832, on avait extrait de la mine de Santa-Catalina des minérais contenant de l'argent pour une valeur de 50,000 piastres. L'extraction de ce métal par la méthode d'amalgamation allemande souffrit de grandes difficultés ; de plus, le Gouvernement ne voulut pas autoriser la Compagnie à exporter quelques quintaux de minerai au Mexique, pour y être soumis à des experts qui auraient initié la Société aux procédés mexicains d'amalgamation. A Angostura et à la Baja, qui était le centre des opérations, la Compagnie établit, à grands frais, quantité de machines de toutes espèces ; elle entreprit des travaux dans seize mines d'or et d'argent, jetant des millions de piastres en dépenses inutiles et insensées ; l'exploitation cessa au bout de vingt ans. Dans la suite, plusieurs essais nouveaux furent faits dans des mines de Alta, Baja et de Vetas, mais presque toutes ces entreprises échouèrent, les unes, faute de capitaux, les autres, par suite de l'inhabileté de la direction.

Disons deux mots de la formation géologique des filons :

La gangue de ces minérais est le quartz, noir bleu dans les filons et à la base des montagnes, et blanc à leur sommet. Les filons se trouvent tantôt dans une roche essentiellement feldspathique alternant avec la diorite d'une façon très capricieuse, tantôt dans le granit comme ceux qui sont sur les hauteurs ; ainsi ceux de la Virgen, Rueda et Páramo-Rico.

La largeur des veines varie de un à quatre centimètres ; elle en atteint rarement 10 ou 15. Ce peu d'épaisseur de la veine est un indice favorable, car on a remarqué, en Californie, que les veines aurifères sont d'autant plus riches qu'elles sont minces.

Les géodes, qui sont souvent d'une grande richesse, ne sont pas rares dans ces veines. Les minérais argentifères de Santa-Catalina et de Machuca contiennent des sulfures d'argent, de zinc, d'antimoine, de plomb et de fer. Les mines de Alta, Baja et Vetas appartiennent au gouvernement, qui les donne en location.

A Bucaramanga et à Giron, il existe de très riches alluvions aurifères exploitées depuis la conquête ; mais la difficulté d'y faire arriver l'eau a empêché toute entreprise sérieuse. L'or en est très fin, il a généralement 22 carats. Dans quelques endroits, il a 966 millièmes et même 998, le plus haut titre connu de ce métal à l'état naturel.

M. William A. Hendrickson, ingénieur des mines, qui a étudié ces alluvions pendant près d'un an, s'exprime à leur sujet comme suit, dans une lettre publiée par la *Nacion*, le 10 décembre 1886 :

« L'expérience acquise et les essais faits sur une étendue de
» plusieurs lieues carrées, m'autorisent à émettre une opinion précise
» sur les mines ; j'ose donc dire avec certitude que l'or se trouve
» réparti d'une façon tellement uniforme sur tout le territoire, que je
» suis porté à croire qu'il se trouve partout en quantité suffisante
» pour pouvoir garantir toute exploitation.

» J'estime qu'en abandonnant les systèmes d'exploitation défectueux
» employés jusqu'à ce jour et en les remplaçant par les méthodes
» européennes, la Colombie est destinée à devenir un des centres
» miniers les plus riches du globe.

» Il faut tenir compte que l'on trouve toujours de l'eau en
» abondance dans les nombreux cours d'eau du pays.

» Je ne crois pas trop m'avancer en disant que dans le département
» de Santander un concours de circonstances favorables permet
» d'exploiter une mine avec un capital moins considérable que ne
» l'exigerait la même entreprise aux États-Unis. »

La moyenne de 150 essais, faits par M. Flory, ingénieur, avec la
terre et les sables pris à différents endroits de la Iglesia, un affluent
du Giron, a donné 25 francs par mètre cube.

Boussingault, dont la compétence est incontestable, dit : « L'or
» s'extrait à Giron en lavant une terre composée de fragments de
» roches ardoiseuses ; cette terre se trouve au pied d'une couche de
» gneis semblable à l'ardoise micacée. L'or extrait est si tenu que
» les laveurs ne peuvent terminer l'opération au baquet ; dès qu'ils
» arrivent à la poudre contenant ce précieux métal, ils doivent
» employer le mercure pour l'en séparer. En examinant les registres
» des essayeurs de Bogotá, j'ai trouvé plus de 200 essais d'or de
» Giron au titre de 919 millièmes. »

Nous savons que l'on y a extrait de l'or au titre de 966, 984,
991 et 996 millièmes. Le docteur Liborio Zerda a essayé, à la
Monnaie de Bogotá, de l'or de Giron de 998 millièmes.

Les régions arrosées par le Lebrija et la Corcovada, affluents du
Carare, sont riches en alluvions, mais l'insalubrité du climat est un
obstacle à leur exploitation.

En 1886, le Gouvernement a autorisé la libre exploitation par les
particuliers des mines de Alta, Baja et Vetas. Plusieurs compagnies
colombiennes y ont déjà pris possession de presque tous les filons
d'or et d'argent connus. On a mis au jour de riches minérais qui
permettent d'espérer que ces mines, après trois siècles de décadence,
produiront ce que l'on est en droit d'en attendre, grâce à l'outillage
moderne.

IV. — Magdalena.

Quand les conquérants espagnols pénétrèrent dans le département
du Magdalena, les indigènes avaient beaucoup d'or en leur possession.

L'historien Piédrahita dit qu'on transportait dans la vallée de
Tairona, pour y être fondu, tout l'or de la province, et que c'était là
le centre de la fabrication indigène de bijoux de filigrane.

Dans les montagnes et les rivières de la Nevada, on trouva de
riches gisements d'or, qui s'appelèrent dans la suite Buritaca,
Cordoba et Sevilla.

En 1592, les Espagnols fondèrent près de la Sierra-Nevada une ville, que rappelle aujourd'hui le rio Sevilla, et à laquelle ils donnèrent le nom de Nueva-Sevilla.

On découvrit près de cette localité un gisement d'or d'une richesse extraordinaire, plein de pépites de 45 à 125 grammes. Une foule de mineurs accourus, à la nouvelle de cette découverte, de Zaragoza, de Rio de la Hacha et de Santa-Marta eurent bientôt épuisé ce trésor.

Les rivières Tucurima, Sevilla, Dibulla, Don-Diego, Palomino, Palencia, etc., qui prennent leur source dans la Sierra-Nevada, charrient toutes de l'or d'un titre élevé.

PRODUCTION TOTALE DES MINES DE COLOMBIE

Le baron de Humboldt, dans son *Voyage à la Nouvelle Espagne*, M. Michel Chevalier, dans son ouvrage *Des mines d'argent et d'or du Nouveau-Monde*, et le professeur allemand Soetbeer, dans une étude récente (*Edelmetall-Produktion*), ont recherché quelle pouvait avoir été la production totale des mines de la Colombie. De Humboldt, et après lui M. Chevalier, estiment la production des mines d'or, depuis la conquête jusqu'en 1803, à 275,000.000 de pesos, soit, en y ajoutant 81,000,000 de pesos, production de 1810 à 1845, suivant les données de M. Chevalier, un total de 356,000,000 de pesos (1,780,000,000 de francs). M. Soetbeer évalue la même production jusqu'en 1875, à 847,113,750 pesos.

Il résulte des recherches auxquelles nous nous sommes livré, que ces auteurs se sont trompés dans leur évaluation, par suite d'erreurs de dates, ou parce que leurs calculs reposent sur une base erronée.

Si le chiffre cité par de Humboldt est en dessous de la réalité, celui de Soetbeer pèche par excès contraire.

Quantité de documents que ni de Humboldt ni M. Chevalier n'ont pu consulter, les statistiques dressées par l'historien Pedro Simón, qui écrivait peu après la Conquête, et par le Dr José Manuel Restrepo, dont le travail, rigoureusement exact, embrasse une période de 106 ans (de 1753 à 1859), les nombreux renseignements puisés dans les archives officielles, nous permettent de fixer la production totale des mines de la Colombie, à 672,000,000 de pesos (3,360,000,000 de francs); les mines d'or auraient produit 639,000,000 de pesos et les mines d'argent 33,000,000 (1). Si l'on divise le pays en deux grandes zones, coupées par le rio Magdalena, la production de la partie occidentale serait de 652,000,000 de pesos et celle de la partie orientale de 20,000,000 de pesos.

La production totale peut être répartie comme suit, entre les neuf départements :

Antioquia.	250,000,000 pesos
Cauca.	249,000,000 »
Panamá	94,000,000 »
Tolima	54,000,000 »
Santander	15,000,000 »
Bolivar	7,000,000 »
Cundinamarca	1,800,000 »
Magdalena	1,000,000 »
Boyaca	200,000 »

---

(1) Des 639 millions de pesos, environ 500 millions proviennent des alluvions et le reste des filons aurifères.

Suivant les époques, la production de l'or a été :

Au xvie siècle, de	53,000,000	pesos
Au xviie »	173,000,000	»
Au xviiie »	205,000,000	»
Au xixe » (jusqu'en 1886) .	208,000,000	»

Total . . . . . 639,000,000 pesos

Pour faire mieux apprécier les progrès de l'industrie minière dans notre siècle, malgré l'influence désastreuse de certains événements politiques, nous donnons ci-après un tableau de la production de l'or par périodes.

PÉRIODE	NOMBRE D'ANNÉES	PRODUCTION TOTALE	PRODUCTION ANNUELLE
1801 à 1810	10	\$ 30,600,000	\$ 3,060,000
1811 à 1820	10	18,350,000	1,835,000
1821 à 1835	15	35,805,000	2,387,000
1836 à 1850	15	38,100,000	2,540,000
1851 à 1860	10	22,250,000	2,225,000
1861 à 1864	4	7,800,000	1,950,000
1865 à 1869	5	11,725,000	2,345,000
1870 à 1881	12	30,072,000	2,506,000
1882 à 1884	3	8,466,000	2,822,000
1885 à 1886	2	4,832,000	2,416,000
	86	\$ 208,000,000	(1)

(1) L'exportation d'or et d'argent, pendant les vingt dernières années, s'élève à 47,286,287 pesos, qui se décomposent comme suit :

De 1869 à 1884 : Or \$ 29,316,774; argent \$ 5,555,438;	\$	31,872,212
De 1885 à 1887 :	»	9,150,887
En 1888 : Or en barres et en poudre \$ 2,433.180 (1)		
Argent \$ 830,007	»	3,263,188
	\$	47,286.287

Si l'on ajoute à ce chiffre la valeur de l'or et de l'argent monnayés sortis du pays pendant le laps de temps précité, le total de l'exportation de métaux précieux est d'au moins 48,000,000 de pesos.

(Anuario estadístico del Departamento de Antioquia en 1888.)

(1) 11,619 livres (suivant l'*Annuaire*, p. 271.)

Le chiffre de notre évaluation pour les dix premières années de ce siècle, 3,060,000 pesos, chiffre qui diffère peu de celui (2,990,000), établi par le baron de Humboldt, se décompose comme suit :

Antioquia . . . . 1,160,000 pesos
Chocó . . . . 1,000,000 —
Restant du département du Cauca. 700,000 —
Tolima, Bolivar, Santander et Pa-
namá . . . . 200,000 —

La production de l'argent se répartit comme suit :

XVIᵉ siècle . . . . 6.500,000 pesos
XVIIᵉ — . . . . . . 9,000,000 —
XVIIIᵉ — . . . . . . 1,500,000 —
XIXᵉ — (jusqu'en 1886) . 16,000,000 —
                                        ————————
Total. . . 33,000,000 —

Pendant le premier quart de ce siècle, il n'y a pas eu une seule mine d'argent en exploitation en Colombie. Depuis 1873, la production de ce métal a augmenté rapidement; elle a atteint le chiffre d'un million de piastres en 1883 et de 1,250,000 en 1884.

Il nous reste à déterminer la place que la Colombie a occupée dans la production de l'or en Amérique, depuis sa conquête jusqu'en 1848, année de la découverte des richissimes placers de la Californie.

Le tableau suivant résume la production pour chaque pays; nous avons adopté les chiffres donnés par le professeur Soetbeer :

Brésil . . . . 684,456,750 pesos
Colombie . . . . . . 681,339,500 —
    » (d'après nos calculs) 548,700,000 —
Bolivie . . . . . . 183,303,000 —
Chili . . . . 175,839,750 —
Mexique . . . . . . 153,507,900 —
Pérou . . . . 106,717,500 —

Comme on le voit, la Colombie occupe la première place entre toutes les anciennes colonies espagnoles et la seconde place en Amérique. Mais, si l'on compare son étendue avec celle de l'immense république du Brésil, on peut dire que la Colombie lui est supérieure dans sa production aurifère.

Influence de l'industrie minière sur le progrès général de la Colombie.

On le voit, la Colombie a été richement dotée de métaux précieux qui se rencontrent, à profusion, dans les filons qui veinent ses montagnes et dans les placers qui enrichissent les bords de ses fleuves.

L'or a été l'appât puissant qui excita les Espagnols à la conquête et à l'occupation de notre territoire (1).

En quête du précieux métal, qui était le but de leurs expéditions, ils firent l'ascension de nos hautes montagnes, pénétrèrent dans nos brûlantes vallées et peuplèrent ainsi presque toutes les régions habitées aujourd'hui.

Le désir de posséder ces fabuleuses richesses, dont la légende s'est perpétuée sous le nom de El Dorado, était le mobile de leurs entreprises. A la recherche de l'El Dorado, ils poussèrent de hardies incursions jusqu'au Zenu, la Sierra-Nevada, le Chocó, Antioquia, et jusque dans l'intérieur de Tierra-Firme.

La valeur de l'or que les Espagnols, lors de la conquête, trouvèrent aux mains des Indiens et dont ils s'emparèrent, ne dépassa pas huit millions de pesos, somme insignifiante, si l'on tient compte de la richesse de notre sol et du développement que les aborigènes avaient donné au travail des mines.

Don Pedro de Heredia, gouverneur de Cartagène, rapporta, comme butin de sa première expédition dans la Province, plus d'un million et demi de ducats en or, et distribua à chaque simple soldat six mille ducats (6,480 pesos). Dans une autre expédition, au Zenu, il recueillit des tombeaux indiens, un demi million de pesos d'or. Tout cet or ne provenait pas de la Province de Cartagène, dont les alluvions sont pauvres ; les Indiens l'obtenaient en échange de sel et d'autres produits des tribus qui occupaient la riche région de Zenufaná, arrosée par le Porce et le Nechi.

Chose curieuse, les Espagnols ne retirèrent que peu d'or des contrées les plus riches, telles que Antioquia, le Chocó et Barbacoas.

---

(1) Les Espagnols ne trouvèrent pas d'argent aux mains des indigènes ; ils n'employaient ce métal qu'en de rares occasions dans la fabrication de leurs bijoux. Cependant, ils le connaissaient, car ce furent eux mêmes qui conduisirent les conquérants aux mines d'argent de Mariquita, de Pamplona, d'Ibagué et de La Plata.

Dans un tombeau de Guaca, dans le département d'Antioquia, ils trouvèrent des bijoux en or fin d'une valeur de cent mille pesos.

Les Indiens, près de Pácora, donnèrent au capitaine George Robledo une bannière dont les ornements d'or pesaient plus de trois mille pesos, un vase d'une valeur de trois cents pesos et beaucoup d'autres bijoux.

Si l'or a été le mobile de la conquête de ce vaste pays, la possession de ses mines favorisa le développement de sa population, de son agriculture et de son commerce.

Sans l'appât de leurs mines, une grande partie du département d'Antioquia, le Chocó, Barbacoas et Supia seraient encore aujourd'hui déserts.

Dès qu'ils eurent pris possession du pays, les Espagnols se mirent à exploiter les mines d'or; ils en trouvèrent de très riches à Arma, Antioquia, Buritica, Zaragoza, Remedios et à Caceres; à Anserma, Cartago, Cali, Popayan et à Almaguer, localités qui, à cette époque, faisaient partie de la Province de Popayán; à Victoria, à San-Juan de los Llanos, à Miraflores, près d'Ibagué; à Páramo-Rico et dans la vallée de Surata, près de Bucaramanga. Ils découvrirent et exploitèrent des mines d'argent à La Plata, à Ibagué, à Mariquita et à Pamplona.

Les Espagnols retirèrent des mines de ces localités et d'autres, dans la seconde moitié du xvie siècle, des métaux précieux pour une valeur de cinquante-six millions de pesos; chiffre sept fois supérieur à celui qu'atteignit leur butin lors de la conquête.

La richesse des mines de Miraflores, Victoria, Páramo-Rico, Remedios et de Zaragoza était prodigieuse. Les mines de cette dernière localité produisirent, en quarante ans, environ cinquante mille livres d'or, d'une valeur de treize millions de pesos, et celles de Remedios six millions de pesos en vingt-six ans.

Le Nouveau Royaume de Grenade devint alors une véritable Terre Promise, dont les entrailles renfermaient le fameux El Dorado, tant cherché par ses conquérants.

Parmi les Espagnols et parmi les premiers habitants, plusieurs acquirent des richesses énormes pour l'époque, et qui seraient encore aujourd'hui considérables. Diego de Ospina, après avoir exploité des mines d'argent à Mariquita, se rendit à Remedios où il recueillit pour neuf cent mille pesos d'or.

Pedro Martin Davila exploita, près du Néchi, une riche mine d'alluvions, et bien qu'il y dépensât beaucoup d'argent, il en retira un bénéfice de 160,000 pesos d'or fin. Francisco Aguilar acquit dans l'exploitation des mines du rio Ariari une fortune qui lui permit de prendre à sa charge la plus grande partie des frais de l'expédition de Quesada à los Llanos.

Dans le cours du xvii° siècle, les Espagnols achevèrent l'exploration des régions aurifères actuelles de la Colombie et y mirent un grand nombre de mines en exploitation. Dès le commencement du siècle précité, les mines de Barbacoas donnaient de beaux bénéfices, et, dans la seconde moitié, les riches alluvions du Chocó et du Darien rapportèrent à leurs propriétaires des quantités d'or énormes.

On conçoit l'émotion que produisit en Espagne la nouvelle, grossie à plaisir, de la découverte des prodigieuses richesses du Nouveau-Royaume de Grenade ; il en résulta un courant d'émigration qui contribua puissamment au développement du commerce et de l'industrie et à l'augmentation de la population. Le goût des aventures et la soif de l'or amenèrent en Colombie bon nombre de membres des principales familles espagnoles, et c'est grâce à eux que la belle langue castillane conserva sa pureté.

L'industrie minière, la première industrie introduite dans le pays par les Espagnols, suivait une marche progressive, quoique lente, par suite des méthodes d'exploitation défectueuses de l'époque, quand une mesure, inspirée au Gouvernement espagnol par un sentiment d'humanité, arrêta d'un coup les travaux dans beaucoup de mines, dont les richesses restèrent de nouveau ensevelies. Par arrêté royal du 7 juin 1729, nul ne put contraindre désormais un Indien à travailler dans les mines.

Cette mesure eut pour résultat désastreux l'abandon immédiat et, comme conséquence, la ruine totale des mines de Mariquita et de Pamplona qui étaient exploitées par des équipes d'Indiens.

Le désastre fut complet, en particulier à Mariquita, où les galeries s'effondrèrent et les puits se comblèrent, ou par malveillance ou par négligence, à ce point qu'aujourd'hui il est difficile d'y découvrir un filon qui vaille la peine d'être exploité. Les plus riches ne se retrouveront que peu à peu et seront le prix de la constance de ceux qui les chercheront.

L'arrêté royal prohibant le travail forcé des Indiens n'eut pas des conséquences aussi fâcheuses en Antioquia, dans le Chocó et dans le reste du pays, parce que, sauf à Mariquita et à Pamplona, dans les autres districts miniers, le travail des mines se faisait par des nègres esclaves ou des mineurs (mazamorreros).

Deux ans avant ces évènements, en 1727, les mines si riches du Darien, qui produisaient annuellement un million et demi de pesos,

avaient été abandonnées à la suite du soulèvement général des indigènes de ce territoire, unis aux descendants des boucaniers.

Ainsi se tarirent, et sont restées taries jusqu'aujourd'hui, quantité
de sources de production; ce fut un coup terrible porté à l'industrie
et à la richesse du pays. Heureusement les mines du Chocó, d'Antioquia, de Barbacoas continuèrent à être exploitées énergiquement, et
leur production alla toujours en augmentant jusqu'en 1810. A cette
époque, leur rendement atteignait 1,250,000 pesos en Antioquia,
1,000,000 dans le Chocó et 850,000 pesos dans le reste du royaume;
de sorte que, malgré les désastreux événements qui arrêtèrent la
marche progressive de l'industrie minière au xvIII° siècle, la valeur
des métaux précieux extraits atteignit la somme de 205,000,000 de
pesos (soit 31,000,000 de plus qu'au xvII° siècle).

Il nous reste à examiner le rôle que jouait l'or dans le mouvement
de la richesse publique du Nouveau-Royaume de Grenade. L'auteur
bien informé de la *Memoria anónima* (1772) dit : « Il n'y a pas de
» doute que l'existence du royaume dépend des mines d'or et de
» leur développement; il ne se fait pas de commerce dans d'autres
» produits, et l'or des mines seul pourvoit aux frais du gouver-
» nement, etc.

» Si le petit nombre d'individus occupés à l'extraction de l'or, ces-
» saient leur travail, les rouages du gouvernement seraient complé-
» tement désorganisés. »

Dans une requête adressée au Roi, en 1783, par le procureur de
Popayán, Don Vicente Hurtado, nous lisons ce qui suit :

« Le seul moyen d'existence de ce vaste royaume, et son seul trafic
» avec l'Espagne, c'est l'or extrait des nombreuses mines de
» Popayán, de Chocó et d'Antioquia. L'or de ces trois provinces
» alimente constamment les deux Monnaies de Santafé et de
» Popayán; droits royaux, commerce, intérêts particuliers reposent
» sur l'or des mines; si celles-ci venaient à s'appauvrir ou à manquer,
» tout irait au néant; par contre, si le travail des mines se dévelop-
» pait davantage et si la production d'or augmentait, la situation
» n'en serait que plus prospère. »

En effet, l'or soit en poudre, soit monnayé, était le seul article
d'échange dans toutes les transactions; il donnait le mouvement et la
vie au commmerce encore restreint, à l'agriculture et à l'industrie
naissantes.

Dans le Choco et à Barbacoas, l'or en poudre était également la
monnaie courante, mais l'argent monnayé y fut introduit, avant de
l'être en Antioquia, par les marchands qui y venaient acheter l'or.

Suivant un tableau des recettes du gouvernement de 1770, les contributions se payaient tantôt en poudre d'or, tantôt en or monnayé, et, en l'année susdite, Antioquia et le Chocó avaient payé en poudre d'or.

Les Monnaies de Bogotá et de Popayán furent fondées, la première en 1718 et la seconde en 1749 ; suivant le Dr José Restrepo, il fut monnayé dans ces deux établissements, de 1753 à 1859, pour 160,827,412 pesos d'or et 5,212,446 pesos d'argent. Jusqu'en 1886, la Monnaie de Bogotá a reçu 116,307 kilos d'or et 287,413 kilos d'argent qui ont produit 99,563,623 pesos en monnaie d'or et 12,046,205 pesos en monnaie d'argent.

Quand sonna l'heure de notre indépendance nationale, l'industrie et le commerce se trouvaient dans un état de décadence déplorable ; les communications étaient extrèmement lentes et difficiles ; l'agriculture, livrée à la routine, ne produisait que les articles indispensables à la consommation du pays ; les richesses du règne végétal que renfermaient nos forêts, commençaient à peine à être connues, grâce aux travaux du Dr José Celestino Mutis. Les 3,060,000 pesos que produisaient les mines d'or annuellement, constituaient la seule richesse publique du royaume ; c'était comme le système artériel transmettant la vie à tout le corps social.

Que serait devenu le Nouveau-Royaume de Grenade sans ses mines de métaux précieux ? Avec ses côtes défendues par des climats brûlants et malsains, son intérieur caché par les Cordillères comme par une muraille, les Espagnols, manquant d'embarcations pour remonter ses fleuves, ne l'auraient pas peuplé, ou les quelques villes qu'ils y auraient fondées eussent misérablement végété faute d'éléments de prospérité.

La guerre de l'Indépendance laissa peu de temps au travail ; la production des mines diminua alors de 40 p. c. ; puis elle reprit un mouvement ascensionnel. La libération des esclaves en 1851, mesure hautement humanitaire qui honore la Colombie, fut malheureusement mise à exécution avec trop de précipitation, sans tenir compte d'un élément indispensable dans les réformes sociales, le temps.

L'abolition de l'esclavage fut un coup mortel pour les mines du Chocó et de Barbacoas où le travail était fait par des équipes d'esclaves. La production d'or du Chocó qui, au commencement du siècle, était de 1,000,000 de pesos annuellement, ne dépasse plus aujourd'hui 300,000 pesos.

Le rendement des mines de Colombie baissa en 1851 et davantage encore en 1860, à la suite de la longue guerre civile qui désola le pays à cette époque. A partir de 1863, la production de l'or va en progressant, si bien qu'en 20 ans, elle a augmenté de 50 p. c. Aujourd'hui, elle dépasse 3 millions de pesos. La production de l'argent, qui a été presque nulle jusqu'en 1840, et qui ne dépassait pas 100,000 pesos en 1863, a atteint, en 1884, 1,250,000 pesos.

La récente exploitation des riches mines argentifères de Mariquita et de Supia a produit cette augmentation dans le chiffre de production. D'un autre côté, tout nous fait espérer que l'extraction des métaux précieux suivra une voie ascendante et rapide; en effet, dans tous les départements, il s'est produit une réaction en faveur du travail des mines, autrefois généralement dédaigné. On a enfin compris que les mines forment notre principale richesse et qu'il y a urgence à les exploiter, si nous ne voulons pas voir tomber en décadence le commerce et l'industrie de la Colombie.

Pendant toute une période, celle de 1850 à 1880, il sembla que l'on eût oublié que le sol de la Colombie était riche en métaux précieux. A cette époque, le travail des mines, dans le Chocó et à Barbacoas, négligé par les riches, était abandonné aux mazamorreros. L'industrie minière ne progressait qu'en Antioquia, et encore dans ce département, beaucoup de gens n'avaient aucune confiance dans ce genre d'entreprises et allaient même jusqu'à déconseiller au public, par la voie des journaux, de s'y intéresser.

Ce mépris général s'explique et s'excuse. L'or avait cessé d'être, comme autrefois, le seul moyen d'échange avec le commerce étranger. Les Colombiens s'étaient adonnés, avec succès, à la culture du tabac, du coton et, un peu plus tard, du café; indépendamment de ces produits, ils exportaient ceux que nos forêts leur donnaient en abondance : les quinquinas, le caoutchouc, la tagua, les bois, les baumes, etc. L'exportation du quinquina était devenue considérable : alors que, dans le principe, en 1784, la valeur des exportations n'était que de 30,791 pesos, de 247,000 en 1788 et de 640,000 pesos en 1805, elle atteignait pendant l'année économique de 1880 à 1881 plus de 5 millions de pesos. Ce fut alors le plus haut degré de prospérité commerciale de la Colombie; ses exportations montèrent à 16 millions de pesos.

L'année suivante, la crise monétaire dont notre commerce et notre industrie souffrent aujourd'hui, commença à se faire sentir.

La concurrence faite à nos produits, sur les marchés européens, par les articles similaires des Indes, de Ceylan, des Etats-Unis, du Brésil et de l'Amérique centrale, les fit tomber rapidement à un prix infime. De tous nos produits d'exportation, l'or est le seul qui n'a pas été deprecié.

Dans la lutte industrielle où les armes les plus puissantes sont les machines, nous devions succomber ; nos terres les plus fertiles sont situées à l'intérieur du pays, et nous n'avons pas de chemins de fer pour transporter nos produits à peu de frais.

Comment pourrons-nous résoudre le problème difficile de nous procurer les produits nécessaires pour balancer nos importations par nos exportations ?

Pour nous, il faut en chercher la solution, d'importance capitale pour l'avenir, dans l'étude de notre sol. Il est certain que nous possédons, au centre du pays, des régions fertiles ; pour faire naitre dans l'immense vallée du Cauca de riches plantations de canne à sucre, de tabac, de café, de cacao ; pour en faire l'entrepôt de bétail, de denrées, de charbons où viendront se fournir les navires du Pacifique, il suffira, lorsque le canal de Panama sera ouvert, de mettre en état la baie de Buenaventura et d'achever le chemin de fer qui doit parcourir toute cette contrée.

Mais ce qui sera plus tard réalité, n'existe encore aujourd'hui qu'à l'état d'espérance. D'ailleurs, alors même que la Colombie serait sillonnée de chemins de fer, que ses plaines seraient livrées à la culture, et que son agriculture et son industrie seraient florissantes, cela ne nous paraîtrait pas suffisant.

Cette situation sera la conséquence du développement de sa richesse économique, et l'élément essentiel de prospérité dans notre pays est et ne peut être autre que l'industrie minière.

C'est à l'industrie minière que nos régions ont dû d'être peuplées et d'arriver enfin, par leurs progrès, au nombre des nations civilisées. C'est à l'industrie minière que la Colombie a été redevable des moyens d'échange nécessaires à son commerce extérieur et à son administration pendant les trois siècles de son existence comme colonie espagnole.

Ce n'est pas en vain que ce pays a été doté de nombreux et riches filons d'or et d'argent, d'immenses alluvions d'or et de platine renfermant des richesses inépuisables, à preuve les 672,000,000 de pesos de métaux précieux extraits de son sol depuis la Conquête.

C'est à tort que nous avons négligé d'exploiter les mines et que nous avons montré tant d'indifférence pour cette industrie ; si, de nos jours, nous lui avions accordé l'intérêt qu'elle mérite, nous ne serions pas aujourd'hui dans la situation déplorable où nous nous trouvons et nous aurions ce qui nous fait défaut : de l'or pour payer nos importations et de l'argent à convertir en monnaie pour la circulation à l'intérieur.

Aujourd'hui que notre industrie nationale est en décadence, il faut de toute nécessité encourager l'industrie minière. Ce n'est pas une opinion personnelle que nous émettons là, nous nous faisons l'écho du bon sens public, dont les plaintes se font entendre depuis la baisse subie par nos produits d'exportation sur les marchés étrangers. Nos gouvernants manqueraient à leur devoir, s'ils restaient sourds à cette manifestation nationale et s'ils ne stimulaient pas, d'une façon énergique, l'industrie minière qui donnera du travail à des milliers de bras.

Ces vérités ont été admirablement comprises par l'éminent homme d'Etat, le D\ Rafael Nunez, qui connaît si bien les besoins du pays et qui écrivait en 1883 :

« Des mesures destinées à favoriser le développement de la
» production nationale doivent être prises et mises le plus tôt possible
» à exécution...

» Il est regrettable que nous ayons négligé pendant si longtemps
» d'étudier ce qui concerne le travail des métaux précieux.

» Nous croyons que, dans les circonstances actuelles, la produc-
» tion de l'or doit faire l'objet d'une attention particulière, non seulement
» parce qu'elle doit augmenter la production générale du pays, mais
» encore parce que bien des motifs nous font entrevoir la possibilité
» et même la probabilité du succès. »

M. Nunez fut le premier président de la République qui essaya de donner une impulsion aux études de l'industrie minière par la créa-tion d'une école de mines à Medellin. Pour avoir une idée de l'exten-sion de nos régions aurifères, tirez sur la carte de la Colombie, une ligne droite entre le port Escoces et l'entrée du golfe de Darien ; tirez-en une seconde entre le golfe de Uraba et Simiti, et la plus grande partie du département de Bolivar. Ces coupures faites, on peut dire que toute la bande de terre comprise, d'une part, entre l'Océan Paci-fique et le rio Magdalena jusqu'à sa source, en continuant par la Cordillère centrale jusqu'aux frontières de l'Équateur et, d'autre part, entre les 1er et 9e degrés de latitude, est éminemment aurifère et riche, de plus, en filons d'argent et en alluvions de platine. Cette zone métallifère a une superficie approximative de 250,000 kilomètres carrés.

On nous demandera peut-être pourquoi, si notre pays est si riche, la production de ses mines est relativement si faible et ne dépasse pas 4,000,000 de pesos par an? La réponse est aisée.

L'industrie minière ne s'est développée, en Colombie, qu'avec les ressources réduites de ses habitants ; jusqu'à présent, les capitaux étrangers et les systèmes de grande exploitation lui ont fait défaut et ont ainsi empêché tout développement et tout progrès.

Ajoutez que les circonstances n'ont pas favorisé la Colombie, comme les autres nations, en faisant découvrir sur son territoire une mine ou un district minier d'une richesse extraordinaire, qui aurait consacré sa vieille réputation et lui aurait attiré les capitaux en quête d'entreprises productives.

Il est bon de ne pas perdre de vue que les mines d'argent qui firent la richesse du Chili, furent découvertes entre les années 1825 et 1848; les alluvions aurifères de la Californie en 1848; les riches filons de la Guyane vénézuelienne en 1850; les placers de la Colombie britannique en 1858, et les mines d'argent de l'État de Nevada, qui ont fait baisser la valeur de ce métal, en 1859.

La Colombie aura aussi son époque de prospérité. Sera-ce quand les fameuses mines du Darien seront de nouveau mises en exploitation, quand de puissants monitors remueront les couches d'alluvions du Chocó, ou bien quand on extraira, au moyen de coûteuses machines, les riches dépôts d'or que les rivières Atrato, San-Juan, Nechi, Porce, Cauca et leurs nombreux affluents gardent dans leurs lits? L'avenir nous l'apprendra.

Dans tous les cas, nous devons compter sur les capitaux étrangers, ainsi que l'ont fait le Chili, la Bolivie, le Vénézuela et même les Etats-Unis, pour donner une vigoureuse impulsion à l'exploitation de nos mines. La Colombie est un pays neuf, où la civilisation et ses ressources n'ont pas encore fait éclore les grandes fortunes. Il n'y a pas plus de six capitalistes possédant un million de pesos; il n'y en a pas plus de trente, dont la fortune atteint un demi-million. D'un autre côté, ceux qui, à force de travail, ont réussi à acquérir un capital assez considérable, n'osent pas l'exposer dans des entreprises hasardeuses par elles-mêmes et dont ils ne peuvent, faute de connaissances, apprécier le résultat possible.

Les Colombiens ont compris que dans un pays comme le nôtre, dont les richesses minérales ont été suffisamment connues et même exploitées pendant les siècles antérieurs, il n'était pas nécessaire de chercher de nouvelles mines, mais qu'il suffisait de reprendre celles qui, pour des causes diverses, ont été abandonnées autrefois. Cette reprise a commencé il y a vingt ans, à Supia et à Marmato, où on avait découvert, il y a un siècle, des mines d'argent que de Humboldt, Angel Diaz, de la Roche et Cochrane disaient très riches et qui néanmoins restèrent dans un abandon presque complet pendant plus de 70 ans. Aujourd'hui, elles produisent annuellement un demi-million de pesos.

Les mines d'argent de Mariquita ont été également mises en exploitation; en 1874, il n'en existait pas une seule; aujourd'hui trois sont exploitées, celles de Frias, el Cristo et Sabandija, et il est question d'en exploiter d'autres.

Dans le nord de Tolima, on exploite de riches placers d'or, et à Ibagué on broie le quartz aurifère du Combeima.

Sur tous les points du pays, un enthousiasme général pour l'industrie minière a succédé au dédain qu'on lui avait voué depuis la guerre de l'Indépendance (1).

Cet enthousiasme n'est pas un mouvement irréfléchi des esprits; tout le monde est persuadé que l'avenir du pays est étroitement lié à l'exploitation de ses richesses minérales; on en voit la preuve dans le passé. A nos gouvernants de diriger ce mouvement en adoptant les mesures que le patriotisme leur suggèrera; la Colombie leur devra peut-être sa prospérité future.

---

(1) Nous extrayons du rapport présenté au Congrès de 1890 par le ministre des finances le tableau suivant du produit des impôts sur les mines en 1888 et 1889 :

DÉPARTEMENTS

	Antioquia	22,045 pesos
	Bolivar	26 »
	Boyacá	30 »
	Cauca	6,705 »
	Cundinamarca	60 »
1888	Magdalena	69 »
	Panamá	—
	Santander	2,299 »
	Tolima	5,551 »
	Total	36,785 pesos.
	Antioquia	25,535 pesos
	Bolivar	164 »
	Boyacá	—
	Cauca	3,889 »
	Cundinamarca	237 »
1889	Magdalena	28 »
	Panamá	—
	Santander	665 »
	Tolima	7,165 »
	Total	37,683 pesos.

Ces impôts n'avaient produit en 1887 que 15,920 pesos.

CAUSES DE L'ABANDON DES MINES

L'étude géologique et minéralogique de nos Andes colombiennes est peu avancée; il en résulte que nous ne connaissons même pas les richesses que renferme notre sol.

Beaucoup de mines de métaux précieux ont été découvertes et partiellement exploitées depuis la Conquête, et cependant nous sommes en droit d'assurer, sans crainte de nous tromper, que celles qui restent à découvrir sont encore plus nombreuses. C'est à peine si nous pouvons nous former une idée de la richesse de quelques filons, dont l'exploitation est généralement de date très récente; l'abandon dans lequel se trouvent nos mines, a pu faire dire à un écrivain français (C. Simonin, *La Vie souterraine*), qu'en Colombie on ne trouve aucun gisement ou filon important.

Alors que, dans les mines d'argent du Harz, les galeries sont parfois poussées à une profondeur de plus de 800 mètres, et en Saxe de 600 mètres, en Colombie, ces mines ne renferment que des travaux très superficiels.

La mine de la Plata, dans l'ancienne ville de ce nom, fut exploitée d'abord à ciel ouvert, puis à l'aide de galeries dont l'étendue est inconnue. La mine d'or de Espiritu-Santo, dans le Darien, la plus riche du pays, avait quatre longues galeries, et les mineurs y descendaient par cinq escaliers de 12 à 15 marches chacun.

Dans la mine du Zancudo, les travaux étaient peu profonds; il en était de même dans les mines d'argent de Mariquita, sauf à la mine de Santa-Ana; quand celle-ci fut abandonnée en 1874, elle avait deux puits, l'un de 600, l'autre de 900 pieds.

Non seulement nous avons négligé de faire l'inventaire de nos richesses minérales, mais nous avons laissé tomber dans un lamentable abandon des mines qui, à une autre époque, donnèrent des bénéfices magnifiques. Ce sujet mérite bien que nous lui consacrions quelques lignes.

Généralement, on croit qu'une mine est abandonnée, dès qu'elle devient pauvre et qu'elle cesse de couvrir les frais d'exploitation. Il devrait en être ainsi, mais ce n'est pas ce qui s'est produit en Colombie. Ici, l'abandon est dû à de tout autres causes : la guerre de l'Indépendance, nos funestes dissentions civiles, l'irruption des eaux souterraines, lorsqu'il s'agissait d'approfondir les travaux, le manque de méthodes et de connaissances, l'absence de machines, la difficulté des transports, les procès, voilà ce qui a fait cesser le travail dans des mines en plein rapport (1). Entrons dans quelques détails.

La première mine réellement riche qui fut abandonnée est celle de la Plata, dont l'exploitation fut suspendue à cause des incursions des Indiens, ainsi que nous l'avons dit précédemment.

Les guerres continuelles avec les Indiens Pijaos, au xviie siècle, furent aussi la cause de l'abandon des mines d'or de Miraflores, près d'Ibagué. A peine les Espagnols eurent-ils commencé l'exploitation des placers de San Vicente de Páez, qu'ils durent la cesser par suite des attaques de ces mêmes peuplades.

Les conquérants obligèrent les Indiens à travailler dans les mines et les maltraitèrent à ce point que leur nombre diminua rapidement. Un historien du xviie siècle, Juan Fresle, dit qu'à Victoria, neuf mille Indiens occupés aux mines se donnèrent la mort pour échapper à leurs rudes travaux. A Anserma, Cali, Popayan, Mariquita, Remedios et, en général, dans tous les districts miniers, la population indienne dépérit sensiblement.

Dès l'année 1548, on adopta dans les mines le système des « mitas » ou équipes d'Indiens ; de 7 Indiens libres un était astreint au travail des mines. Dans la suite, pour décharger les indigènes d'un travail si pénible, on autorisa l'introduction des nègres.

Le roi d'Espagne, informé de la grande mortalité qui régnait chez les Indiens occupés dans les mines, n'écouta que la voix de l'humanité et, par un arrêt du 7 juin 1729, défendit le travail forcé des Indiens dans les mines ; cette mesure eut comme conséquence l'abandon de quantité de mines, les indigènes ne pouvant être remplacés par d'autres mineurs.

Les propriétaires des mines éprouvaient en effet de grandes difficultés à se procurer des journaliers, ceux-ci trouvant plus de profit à laver, pour leur compte, les sables des rivières. A cette cause, vinrent s'en ajouter d'autres que nous allons mentionner ; nous rectifierons ainsi l'erreur dans laquelle ont versé deux voyageurs.

M. Mollien dit que « la Nouvelle-Grenade se vit obligée de » cesser l'exploitation de ses mines d'argent par suite de la concur-» rence du Mexique, » et M. Cochrane assure « que peu des » fameuses mines d'or et d'argent de Mariquita, ont été exploitées,

---

(1) Un grand nombre de mines, dit M. Moulle, ont été abandonnées sans motifs sérieux, ou par suite d'accidents d'exploitation qui n'auraient aucune importance en Europe.

» le gouvernement espagnol ayant donné la préférence au Mexique. »
A la vérité, il n'y a eu ni concurrence ni préférence.

D'une enquête faite en 1742, par ordre du Vice-Roi, sur l'état des mines de Lajas et de Bocaneme, il résulte que ces mines furent abandonnées dès 1732, faute de bras pour les exploiter, bien qu'elles fussent très riches; qu'il y aurait lieu de faire de nouveaux travaux dans la plupart des mines, les galeries s'étant effondrées par la malveillance des derniers mineurs; que les connaissances techniques des ouvriers étaient nulles; que ceux d'entre eux qui traitaient le minerai d'argent par le mercure perdaient beaucoup de métal par ignorance (1); qu'enfin les mines qui restaient à exploiter étaient bien plus nombreuses que celles où l'on travaillait.

D'Elhuyar, dans deux lettres écrites au Vice-roi en 1735, disait :

« Généralement, toutes les veines exploitées précédemment sont
» presque encore vierges; je base cette opinion sur l'état du sol (à
» Mariquita) qui ne devait pas permettre aux premiers mineurs de
» pousser très loin leurs travaux, attendu qu'ils ignoraient les moyens
» de se protéger contre les irruptions des eaux et de ventiler les
» galeries. »

Dans la mine de Manta, les galeries étaient si basses et si étroites qu'un homme seul et accroupi y pouvait passer.

A l'absence de connaissances dans l'exploitation des mines d'argent au xvie et xviie siècles, il faut ajouter la cherté excessive du mercure que l'on importait d'Espagne ou du Pérou. Pendant le xviie siècle, il coûta 110 pesos le quintal, à Bogota et à Mariquita, et 300 pesos à Popayan. En 1779, il se vendit dans cette dernière ville à raison de 123 pesos.

La méthode employée pour l'extraction de l'argent était très imparfaite : elle demandait beaucoup de temps, beaucoup de mercure et faisait perdre beaucoup de métal.

Les comptes de certaine mine démontrent que l'on employait une livre et un quart (575 grammes) de mercure pour chaque marco (230 grammes) d'argent extrait.

Et cela est peu, comparativement à ce qui se faisait à Supia dans les dernières années du siècle dernier et même dans les premières

----

(1) La preuve, suivant M. Mutis, qu'il se perdait beaucoup d'argent par ce procédé, c'est qu'à la fin du siècle dernier quelques familles de Real de Lajas extrayaient annuellement 1,500 onces d'argent en fouillant les résidus des anciennes mines.

années du siècle actuel : chaque marco d'argent extrait coûtait jusqu'à 2 livres (920 grammes) de mercure. Nous avons déjà dit précédemment quelles furent les causes de l'abandon des riches mines du Darien en 1727.

Passons aux mines de Alta, Baja et Vetas. Ainsi que nous l'avons relaté, ces mines donnèrent des résultats splendides pendant les 50 premières années de leur exploitation, puis elles tombèrent en décadence. Est-ce à dire qu'elles se soient appauvries irrémédiablement? Nous avons la conviction intime du contraire : nous sommes persuadé que leur richesse est la même qu'autrefois, mais qu'elle a subi une transformation, à laquelle il faut attribuer l'abandon de ces mines.

Suivant M. Pissis (*Geografia fisica de Chile*), on observe les variations suivantes dans la composition des mines d'argent du Chili. Dans la partie supérieure du filon, on trouve les chlorures et l'argent natif; à une plus grande profondeur, ils sont remplacés par les arsenio-sulfures et enfin par les sulfures. En même temps que se font ces substitutions, certains métaux disparaissent. Nul doute, qu'à Alta, Baja et à Vetas, il ne se soit produit des variations semblables dans les gisements métallifères. Il semble évident que l'or et l'argent natifs étaient abondants à la surface, ainsi que le disent clairement les chroniqueurs Juan de Castellanos et Pedro Simon.

Au début, l'extraction de ces métaux précieux fut donc très facile et put même se faire sans employer le mercure. Dès que ces travaux allèrent en s'approfondissant, l'or et l'argent diminuèrent de quantité et furent remplacés par l'argent sulfureux et par les sulfures de fer, de zinc et d'antimoine plus ou moins argentifères. Les mineurs ignorants ne réussirent pas à séparer l'argent des minérais ainsi composés et, dans leur embarras, abandonnèrent peu à peu les mines.

Dans la seconde moitié du xviiie siècle, on remit en exploitation quelques-unes des mines les plus renommées, celles de San Antonio, San Cristobal, de la Chorrera de Mongora, dont les minerais argentifères, très riches, étaient alliés à l'or natif. On construisit des appareils d'amalgamation et on fit venir d'autres machines du dehors; malheureusement toutes les tentatives faites pour séparer l'argent furent vaines.

Des mineurs allemands ne réussirent pas davantage, et les Anglais, vers le milieu de ce siècle, ne purent non plus vaincre cette difficulté.

Le problème qui se pose, n'est pas celui de savoir si les mines sont riches, chose qui ne peut être mise en doute, toutes les mines explorées à nouveau, donnant des minerais dans lesquels l'or et l'argent abondent; le problème qui reste à résoudre est celui du traitement de ces minerais; dès que l'on en aura trouvé la solution, les mines de Alta, Baja et de Velas produiront de l'or et de l'argent en abondance.

Il nous paraît intéressant de relater, à ce sujet, ce qui se produisit dans la riche mine du Zancudo. Dans le principe, le filon était riche en or natif; de plus, les pyrites se décomposaient aisément; on put, en conséquence, extraire beaucoup d'or sans difficulté.

A une certaine profondeur, ce métal devint plus rare et les sulfures métalliques se présentaient alliés à l'argent. La mine passa par une série de vicissitudes, et les travaux furent suspendus pendant quelque temps. A deux reprises différentes, ses propriétaires, découragés, la vendirent pour une somme minime.

On essaya d'amalgamer ses minerais, mais sans résultat satisfaisant. En fin de compte, en 1851, on construisit des fours pour la fonte des résidus pyriteux, et on continua d'améliorer ce système d'exploitation, qui fut couronné de succès. Aujourd'hui, la mine du Zancudo est l'établissement minier le plus important de la Colombie.

En résumant les notes qui précèdent sur les systèmes d'exploitation employés à l'époque de la domination espagnole, nous arrivons aux conclusions suivantes : comme on ne faisait pas usage de pompes, les travaux ne pouvaient dépasser une certaine profondeur, et les mineurs étaient obligés de construire de longues et coûteuses galeries d'écoulement.

Le transport des minerais était lent et cher, puisqu'il se faisait à dos d'homme, à travers des galeries étroites, basses et tortueuses.

Les communications étaient établies sans ordre et devenaient dangereuses; la ventilation des mines était inconnue.

Dans ces conditions, on peut dire que les quantités de minerais extraites étaient insignifiantes, et ce n'est qu'ainsi que pouvaient être exploités les plus riches filons.

Les rapports des différents vice-rois qui se sont succédés dans la Nouvelle-Grenade, contiennent des renseignements intéressants sur la décadence où se trouvait l'industrie minière sous la domination espagnole ; tous concluent par en attribuer les causes à l'incapacité des mineurs, au manque de capitaux et de machines, aux déplorables systèmes d'exploitation.

Le vice-roi Gongora écrivait en 1789 que l'ignorance des mineurs est telle que c'est à peine s'ils extraient du minerai la moitié du métal qu'il renferme, à preuve que dans tous les centres miniers, il se trouve une quantité de désœuvrés, gagnant leur vie à relaver les déblais et les décombres.

A la fin du siècle dernier, le système défectueux et dispendieux d'amalgamation, qui avait été jusqu'alors employé, fut remplacé par le système du baron de Born ; mais la Compagnie anglaise qui exploitait la mine de Santa-Ana, trouva ce dernier système également coûteux et peu pratique.

Le minerai de Pamplona ne put être traité par ce nouveau procédé.

Actuellement, les Sociétés qui exploitent les mines d'argent de Frias et del Cristo, exportent leurs minerais pour les faire fondre à Swansea. Cette opération leur occasionne pour frêt fluvial et maritime, assurance et traitement, une dépense de treize livres sterling par tonne.

Dans d'autres chapitres, nous avons mentionné les événements qui ont motivé l'abandon de nombreuses entreprises minières, spécialement la guerre de l'Indépendance et l'affranchissement des esclaves.

Ce que nous venons de dire, prouve que non seulement un vaste champ peut être ouvert en Colombie à l'industrie minière par la découverte de nouvelles mines d'or et d'argent, mais, qu'en outre, beaucoup de mines abandonnées, soit à cause de l'incapacité des propriétaires, soit pour d'autres motifs, peuvent être de nouveau exploitées avec succès.

LES MÉTHODES D'EXPLOITATION

Cette étude serait incomplète, si nous ne parlions ici des méthodes d'exploitation qui ont été en usage dans le pays.

Jorge Juan et Antonio de Ulloa, qui firent un voyage dans l'Amérique du Sud, en 1735, décrivent de la manière suivante la méthode d'exploitation employée dans les placers de la Province de Popayan :

« Le minerai extrait est déposé dans un grand étang creusé à cette » fin, rempli d'eau à volonté et muni d'un canal de décharge. L'eau » est remuée sans cesse, de telle sorte que la terre s'échappe par le » canal de décharge et qu'il ne reste dans le fond que les pépites, » le sable et l'or. Les eaux de l'étang s'écoulent dans un autre étang » où se répète la même opération. »

Voyons aussi comment, dans le Département du Cauca, on traitait les pyrites des filons. M. Boussingault décrit ce procédé dans un mémoire publié en 1826; nous nous bornerons à le copier :

« Pour extraire l'or de la pyrite, on pulvérise celle-ci et on la lave, en procédant de la manière suivante :

» L'établissement où se font ces manipulations se trouve sur le versant de la montagne et se compose d'un hangar pouvant contenir une douzaine d'ouvriers et abritant une cavité de six pieds de profondeur sur dix de diamètre. Autour de cette excavation, des femmes, ordinairement des négresses, chacune ayant devant elle une pierre de porphyre haute de deux pieds et inclinée vers le trou, sont occupées à pulvériser le minerai au moyen d'une autre pierre arrondie, qui n'est rien moins qu'un morceau de pyrite mêlé de quartz. Ces pierres sont semblables à celles qui servent à moudre le maïs, et l'opération se fait de la même manière, en plaçant le minerai sur la partie supérieure de la pierre et en le réduisant en poudre, après l'avoir arrosé pour faciliter le travail; la pyrite, ainsi pulvérisée, tombe dans le bassin, où elle forme une espèce de pâte liquide.

» Aussitôt que le bassin est rempli de pyrite broyée, on y fait passer de l'eau pendant toute une semaine, on agite la pyrite de temps en temps, pour la séparer des terres qu'elle peut contenir, puis on commence à laver.

» Les négresses exécutent cette opération avec une habileté extraordinaire, à l'aide de baquets en bois ayant la forme de cônes déprimés, et mesurant de 15 à 18 pouces à la base et 3 à 4 pouces de profondeur. Elles remplissent le baquet d'environ 9 kilos de pyrite broyée, l'introduisent dans l'eau où elles se trouvent elles-mêmes jusqu'aux genoux, et, après avoir désagrégé cette pyrite dans l'eau, donnent au baquet un mouvement giratoire très rapide, en ayant soin de lui faire prendre successivement différentes inclinaisons pour faciliter l'évacuation des matières qui se trouvent suspendues dans l'eau. Après avoir répété cette manœuvre pendant quelques minutes, elles tirent le baquet de l'eau et lui donnent, d'une main, une inclinaison d'environ 45°; de l'autre, elles font tomber la pyrite.

» Elles recommencent l'opération, jusqu'à ce qu'il ne reste plus au fond qu'une petite quantité de pyrite déjà riche en or.

» Elles redoublent d'attention, jusqu'au moment où elles ont obtenu une quantité d'or presque pur; elles la mettent dans une petite boîte en corne, qu'elles appellent *cacho*. Quand elles en ont recueilli ainsi une certaine quantité, elles placent le précieux métal dans le baquet, pour bien le laver, puis le laissent sécher dans une poêle. Après cette opération, la pyrite séchée est lavée encore deux ou trois fois, et donne toujours de l'or, et, quand on n'en extrait plus, on l'enlève du bassin pour l'exposer en tas à l'air pendant huit ou dix mois. Au bout de ce temps, on la broie de nouveau et on lui fait subir les mêmes opérations, qui donnent une quantité d'or presque égale à la première. Ce qu'il en reste est de nouveau mis en tas, broyé et lavé, jusqu'à ce qu'il n'y ait plus d'or à en extraire. L'eau provenant de ces opérations charrie une pyrite très fine, dont les nègres mazamorreros extraient encore de l'or ».

Un capitaine de la marine anglaise, M. Charles S. Cochrane, visita, en 1825, les mines de Coyaima, dans le Tolima ; nous citerons de ses impressions de voyages ce qui suit :

Les lavoirs d'or se trouvent généralement sur le versant d'une colline ; ceux qui les exploitent élèvent un barrage de pierres et d'argile de 6 à 8 pouces de hauteur sur 3 pieds de largeur ; on y amène, par un petit canal, l'eau prise à un des ruisseaux qui descendent de la montagne.

La terre contenant de l'or est amenée au barrage et l'eau, en coulant, en emporte les parties les plus légères.

La terre aurifère, recueillie dans le barrage, est ensuite soigneusement lavée dans des baquets ; elle est rouge foncé et mêlée à de petits cailloux ronds et ovales.

Passons maintenant au département d'Antioquia. M. Louis Striffler nous fournit les détails suivants dans son livre *El Alto Sinú* :

Il existe dans le lit du Cauca des dépôts aurifères ; aussi beaucoup de gens du pays s'occupent-ils de rechercher le précieux métal ; ils se laissent descendre dans l'eau à une grande profondeur, remplissent leur baquet de sable, puis se font remonter ; cette opération se fait pendant le peu de temps qu'ils peuvent rester sans respirer. Ces plongeurs ont à lutter contre la force du courant, doivent écarter les pierres avant de recueillir le sable et souffrent beaucoup de l'arrêt de la respiration ; néanmoins ils continuent à exercer leur cruel métier, parce qu'il est très lucratif et que la routine, qu'ils suivent en aveugles, ne leur suggère pas l'idée de perfectionner leur procédé.

Pour prouver combien l'esprit de routine paralyse le progrès, je citerai un fait que j'ai observé au Cauca. Une des rives de ce fleuve est garnie de roches horizontales parfaitement unies, que les eaux arrosent, à l'époque des inondations, et qu'elles laissent ensuite complètement à nu.

Cette rive est le lieu de campement des plongeurs, et leurs femmes y ont creusé dans le roc plusieurs mortiers naturels pour broyer le maïs en pâte. Ces cavités, après chaque inondation, contiennent une grande quantité d'or presque pur, et donnent lieu à de nombreuses disputes, les premiers arrivés vidant ces cavités sans tenir compte que chacune d'elles a son propriétaire. Eh bien, il n'est pas encore venu à l'esprit de ces gens de multiplier ces trous, ou d'utiliser de grandes pierres unies pour y creuser de semblables cavités, dans le fond desquelles l'or pourrait se déposer.

Le nombre des outils dont se sert le mineur d'Antioquia pour exploiter les placers est très limité et tous sont d'une grande simplicité; ce sont : le baquet traditionnel, legs des aborigènes ; les *cachos*, espèce de pelles en bois, concaves à l'intérieur, d'un pied et demi de long sur un demi-pied de large, servant à jeter la terre ; la serfouette; la barre ; le *regaton*, la civière ; les pompes et les brouettes.

Ici nous laissons la parole à deux écrivains d'Antioquia, MM. A. Echeverri et Manuel Uribe A., qui, dans leur brochure *Estudios industriales sobre la mineria Antioquena en 1856*, ont décrit avec exactitude les différentes méthodes d'exploitation employées dans les mines d'alluvions.

Mines d'été.

« Comme leur nom l'indique, ces mines ne peuvent être exploitées
» que lorsque, la saison des pluies étant passée, le volume d'eau
» des fleuves diminue notablement et laisse à découvert une grande
» partie de leurs rives et que le courant redevenu régulier permet
» d'atteindre le lit du fleuve.

» Les ouvriers d'été (*veraneos*) commencent généralement leurs
» travaux vers la mi-décembre pour les interrompre fin mars ; par-
» fois ils les entament en juin, juillet et août, mais alors ils sont
» d'importance secondaire.

» L'époque précitée, de décembre à mars, marque les meilleurs
» rendements.

» Les rives du San Juan, du San-Jorge, du Narc, du Nus, du
» Porce, de la Trinità, de la Mata, etc., se peuplent alors de
» travailleurs disputant aux eaux l'or qu'elles cachent dans leur
» sein.

» C'est un spectacle curieux que celui de ces nombreux ouvriers,
» le baquet à la main, le *coco* (1) à la ceinture, occupés à tirer et à

---

(1) Poche faite du fruit du cocoyer, dans laquelle les chercheurs d'or mettent le sable métallifère tiré du baquet.

» laver le sable du lit du fleuve, malgré la force du courant qui se
» brise contre leurs épaules. Ce qu'il y a de plus singulier, c'est que
» ce travail, un des plus pénibles de l'industrie minière, est, de temps
» immémorial, effectué par les femmes. Les robustes et vaillantes
» négresses d'Antioquia sont à même de lutter avantageusement
» avec les hommes, dans cette besogne, ainsi que dans bien
» d'autres.

» Voici comment les négresses, placées au milieu de la rivière,
» accomplissent leur travail. Le baquet à plonger est de forme ellip-
» tique de 3 à 4 pieds de long sur 14 à 18 pouces de large; parfois
» il est presque circulaire et muni d'une anse; elles enfoncent ce
» baquet profondément dans le sable de la rivière, le remontent
» ensuite à fleur d'eau et en lavent le contenu avec soin.

» Prendre l'énorme baquet en mains, le faire tourner rapidement
» sur lui-même, jeter dans la rivière les pierres, le gravier et le sable,
» nettoyer la *jagua* (1), le verser dans le *coco*, autant d'opérations
» faites en moins de temps qu'il n'en faut pour le dire.

» Le soir, rentrés au *rancho*, les chercheurs d'or commencent
» une nouvelle besogne; il s'agit de *couper* l'or, et voici comment
» cela se fait :

» Dans un petit baquet rond, dont le fond forme une espèce de
» cône très large, on verse le contenu du *coco*, ce baquet s'appelle
» laveuse (*lavadora*). Grâce à une série de mouvements et d'inclinai-
» sons, le sable et le gravier mêlés à l'or sont jetés hors du baquet,
» où il ne reste bientôt que de l'or en quantités variables.

» Les plongeurs sont essentiellement nomades; aujourd'hui ils
» sont ici, demain là. Ce n'est que lorsque le sable est très riche
» qu'ils séjournent dans un endroit, jusqu'à ce qu'il commence à
» s'appauvrir. En vrais pêcheurs d'or, ils tendent leurs filets partout
» et dans tous les fleuves sans savoir jamais ce que la pêche rappor-
» tera. Ils passent toute la journée dans l'eau, et dès que le soir
» vient, ils se retirent dans un petit *rancho* couvert de feuilles de
» palmier, établi sur quatre pieux au bord du fleuve. Le dimanche,
» jour où se tiennent généralement les marchés, ils vont acheter leurs
» provisions qu'ils paient en or, puis reviennent à leur rancho;
» telle est la vie menée par ces chercheurs d'or jusqu'au moment où
» l'hiver vient augmenter le volume des eaux des fleuves.

» Il y a encore deux autres espèces de plongeurs; ceux-ci opèrent

______

(1) Sable métallifère, composé en grande partie d'oxyde de fer.

» aux endroits où la profondeur de l'eau ne permet pas aux bras
» d'atteindre le lit de sable. Les uns se laissent glisser au fond de la
» rivière, le long de perches fixées dans le lit et y emplissent leur
» baquet de sable ; les autres descendent au fond de l'eau, avec
» d'énormes poids de plomb aux pieds, la tête et le haut de la
» poitrine couvertes d'un casque imperméable, avec disques de verre ;
» l'air y arrive par un tuyau fixé à la partie supérieure du casque et
» relié à une pompe à air (1).

» Il existe encore une autre classe de *veraneos* ou chercheurs d'or
» d'été ; ceux-là ne plongent pas et leurs entreprises, plus compli-
» quées, ont davantage le caractère d'une exploitation ; elles consis-
» tent à extraire l'or des rives que le fleuve, en se retirant, met à nu.

» La première chose que font ces ouvriers est de mettre leur travail
» à l'abri des inondations du fleuve, car même dans la saison sèche,
» il tombe de fortes averses. Pour défendre la rive qu'ils vont
» exploiter, ils élèvent au bord du fleuve une digue, soit de fascines,
» soit de pierres, suivant la force des eaux à contenir et l'importance
» des travaux. Cette besogne terminée, le chercheur d'or commence
» par préparer le terrain, en nettoyant soigneusement sur la rive une
» superficie de 20 mètres carrés et davantage, opération qu'il exécute
» à l'aide d'un petit canal alimenté par le fleuve et qui traverse l'exploi-
» tation. Au milieu de ce terrain et par l'enlèvement des couches
» supérieures de sable, il se forme une cavité dont le fond est plus
» bas que le niveau du fleuve ; il en résulte que l'eau de celui-ci
» filtre à travers le sable en quantité plus ou moins grande. Il est
» donc nécessaire de vider le bassin, ce qui se fait à l'aide de baquets
» ou de pompes.

» On peut considérer encore comme exploitations estivales celles
» des barrages, des cours d'eau *(cortadas)*, que l'on détourne pour
» fouiller l'ancien lit. Les entreprises de ce genre sont nombreuses en
» Antioquia et donnent parfois des bénéfices considérables ; mais
» parfois aussi elles ruinent ceux qui s'en occupent.

» L'opération se réduit à examiner la richesse du lit et de la rive,
» et, le point où le courant décrit une forte courbe étant trouvé, de

---

(1) Les scaphandres étaient mis à l'essai à Antioquia, à l'époque où
MM. Echeverri et Uribe écrivaient leur notice. Sur quelques points du Nare
et du Nus, où les sables sont riches, on retira une certaine quantité d'or ;
mais ce nouvel appareil, propre à faciliter la tâche des plongeurs, et qui
d'abord provoqua leur enthousiasme, fut vite abandonné.

» réunir par une ligne droite les deux extrémités, d'en faire un
» nouveau lit, qui laisse l'ancien à sec.

Mines d'hiver.

» Les torrents et les ruisseaux qui coulent des montagnes, n'ont
» généralement pas le volume d'eau nécessaire pour travailler les
» terres voisines ; il y a lieu de le regretter, car le sol d'Antioquia
» est, sans conteste, aurifère sur tous ses points. D'un autre côté, il
» est clair que les terrains métallifères ne peuvent être traités sans
» eau, de là vient que ceux dont nous allons nous occuper ne peuvent
» être exploités que lorsque la saison pluvieuse a augmenté le volume
» des eaux.

» De même que nous avons rangé les *cortadas* parmi les mines
» d'été, nous comprendrons dans les mines d'hiver, les mines pour
» lesquelles les eaux sont barrées.

» Pour celles-ci on opère comme suit : on fait couler l'eau le long
» du barrage et par sa base ; en dessous du barrage on pratique de
» grandes cavités ; on y jette le minerai qui est lavé suivant les
» procédés ordinaires.

» Figurent également dans cette catégorie, les mines qui, faute
» d'eau courante, sont exploitées à l'aide d'eaux de pluie recueillies
» dans des réservoirs ; cette exploitation n'est évidemment possible
» que par intervalles. »

Comme nous ne nous sommes pas proposé de décrire toutes les
méthodes d'exploitation en usage en Colombie, nous ne parlerons pas
ici des moulins, des pilons, des pompes, des fours à fonte ni de toutes
les autres machines employées dans les mines. Mais nous consi-
dérerions ce chapitre comme incomplet, si nous ne disions quelques
mots des *guacas* ou tombeaux des Indiens et de la façon de les
exploiter. Nous terminerons donc en reproduisant l'intéressante
description que le Dr Manuel Uribe A. nous a faite des *guacas*
d'Antioquia.

« La science des *guaqueros*, ou chercheurs de sépultures, repose
» sur des bases certaines, tant ses règles sont claires, compréhen-
» sibles et d'application facile.

» On appelle, en Antioquia, *guacas*, les sépultures des Indiens
» enterrés avec ou sans leurs richesses ; les tombeaux se trouvent ou
» isolés (guacas) ou groupés (pueblos), et généralement dans des
» endroits élevés, loin des eaux. De temps immémorial, les Indiens

» ont eu la coutume d'enterrer soigneusement leurs morts et de placer
» à leurs côtés tout ce qu'ils possédaient de précieux (1).

» Ainsi s'explique la profession qui consiste à rechercher les
» tombeaux des Indiens et à les fouiller, afin d'y trouver des bijoux
» d'or, souvent de grande valeur. Dans le département d'Antioquia,
» les habitants de Manizales, Neira, Salamina, Aranzazu, Filadelfia,
» Yarumal, Angostura, Anori, Remedios et Andes, exercent pour la
» plupart cette singulière industrie, parce que les localités qu'ils
» habitent renferment en grand nombre de tombes indiennes. Les
» exploitants de sépultures — espèces de bohèmes — ne sont guère
» considérés, et forment des tribus nomades, qui ont leurs chefs et
» leurs coutumes particulières.

» Les instruments de travail qu'ils emploient ne sont ni nombreux,
» ni compliqués : une barre de fer, un pic, une pelle, une pioche,
» une poulie pour les tombes profondes. Voilà tout leur bagage.

» Lorsqu'il a examiné la terre et donné quelques coups de pic, le

---

(1) Il y a quelques semaines, on a découvert près de Finlandia, localité
située dans la vallée de la rivière La Vieja, deux cimetières indiens dont
on a extrait plus de huit arrobes d'or en figurines très curieuses. Dans un
article publié dans le numéro 66 du *Correo Nacional*, M. Roman Maria
s'exprime comme suit, au sujet de cette découverte :

Certains bijoux représentent des figures allégoriques et des animaux
de tous genres : des papillons, des oiseaux, des lézards, des crapauds, des
poissons, des limaçons, etc. ; d'autres, des idoles d'or massif avec des
insignes et des allégories, tels que des bâtons d'or terminés par des
aigles couronnés ou d'autres oiseaux également avec couronne ; d'autres
objets ont la forme de vases destinés aux usages domestiques ; il y avait
aussi des instruments de musique, dont quelques-uns en forme de
trompe, etc.

Quelques pièces d'or fin pesaient de 700 grammes à 1 kil. 100 gr.

Un bâton en or a surtout fixé mon attention : le manche représente un
groupe artistement travaillé ; à la poignée se trouvent deux singes, dont
un porte son petit sur les épaules ; un aigle tient le petit singe entre ses
serres, et les deux singes, de l'extrémité de leur queue, enlacent les pattes
de l'aigle. Une idole d'or massif a, par sa forme étrange, vivement piqué
ma curiosité : la couronne est de forme irrégulière, la figure également ;
elle a deux ailes, et, dans chaque main, une espèce de sceptre. J'ignorais
que les indigènes eussent des idoles ailées ressemblant aux anges. Quant
à la céramique, il est nécessaire d'en avoir fait une étude spéciale pour
donner une description complète de la variété des formes, des figures et
des dessins des vases découverts ; certaines figurines ont des trous où il
suffit de souffler pour produire le chant de quelque oiseau ; enfin, il y avait
même des tablettes couvertes de dessins et de hiéroglyphes, etc.

» travailleur expérimenté sait si le sol recouvre, oui ou non, une
» de ces tombes; quelques coups de pioche encore et il peut affirmer
» avec certitude à quelle sorte de tombe il a affaire, et, s'il continue
» les travaux, il pourra bientôt dire quels objets, quels meubles elle
» renfermera, de quel sexe sera le mort, et s'il est riche ou pauvre. A
» l'examen de la terre, il distingue si elle a été remuée à une époque
» plus ou moins reculée. Le *guaquero* ou chercheur de tombes sait,
» par expérience, que les Indiens en remuant la terre en séparaient
» soigneusement les différentes couches, suivant leur couleur, sans
» jamais les mélanger; il en résulte, qu'il peut préciser d'avance, à
» mesure qu'avance son travail, le nombre et l'ordre des sépultures.
» Il reconnaît le rang et la richesse du personnage enterré, à la
» construction de la tombe, à la régularité de ses parois, à ses dimen-
» sions et à la position des objets qu'il rencontre.

» Chez les Indiens, comme chez nous, les objets que chacun avait
» pour son usage personnel, variaient naturellement suivant le sexe,
» les goûts et les occupations.

» De plus les *guaqueros* savent reconnaître, sans s'y tromper, si
» une tombe a été fouillée précédemment et par qui, c'est-à-dire, si
» elle l'a été par les Indiens ou par les Espagnols; les traces du
» travail antérieur, qu'ils relèvent en commençant le leur, les fixent
» complètement à cet égard.

» La précaution que prenaient les Indiens de replacer la terre sans
» en mêler les teintes, imitant ainsi la formation géologique du terrain
» voisin, avait pour but, selon nous, de dissimuler l'existence des
» tombes et de dépister ceux qui plus tard auraient eu envie de les
» profaner.

» Voici comment procèdent les *guaqueros*. Ils sont ordinairement
» deux; dès qu'ils ont deviné la présence d'une sépulture, l'un se
» met à bêcher la terre, et l'autre la jette de côté. Ils creusent ainsi
» à un ou deux mètres de profondeur, rapidement et sans examiner
» la terre; mais dès que des indices certains prouvent que l'on atteint
» le fond, le travail continue plus lentement et avec précaution.
» Chaque pelletée de terre enlevée est examinée avec soin; le sol
» n'est plus remué à l'aide d'un pic, mais au moyen d'une palette, ils
» enlèvent la terre par couches légères.

» Arrivés au fond de la tombe, les *guaqueros* l'examinent atten-
» tivement, déplacent les restes du cadavre, brisent souvent tous les
» objets de terre, et, guidés par l'expérience, fouillent le sol, sous le
» cadavre, à 4 ou 5 mètres de profondeur; les Indiens en effet, ne
» croyant pas leurs trésors en sûreté, les faisaient enterrer sous eux

» comme pour les protéger de leur corps. Parfois les Indiens
» plaçaient la majeure partie de leur trésor sous la tête, parfois
» ils cachaient les bijoux dans les aisselles, parfois encore, entre les
» jambes.

» Après avoir examiné minutieusement la tombe, les *guaqueros*
» comblent la fosse à l'aide de la terre qu'ils en ont tirée. Qu'on ne
» croie pas qu'une misérable question de lucre nous ait engagés à
» relater les faits qui précèdent; nous n'avons eu d'autre désir que
» d'attirer l'attention des collectionneurs et des archéologues sur les
» objets et les bijoux si précieux pour l'histoire et l'ethnographie,
» qu'on trouve à foison dans les tombeaux.

» Nous les dédaignons habituellement, nous les détruisons à
» plaisir, mais les musées d'Europe s'estimeraient heureux de les
» posséder. »

COUP D'OEIL DANS L'AVENIR

Si l'on tient compte des systèmes d'extraction, aussi insuffisants
que rudimentaires, employés jusqu'aujourd'hui en Colombie, on doit
s'étonner qu'ils aient produit de si fortes quantités d'or. Qui pourrait
calculer le rendement des mines, si on les exploitait suivant les
méthodes les plus perfectionnées, si le travail si lent de l'homme était
remplacé par celui de puissantes machines ?

Nous avons la conviction que l'heure de la transformation de l'industrie minière est proche, et nous avons voulu exposer dans ce livre
les enseignements du passé, afin qu'ils servent de leçon dans le
présent; nous avons voulu citer les efforts faits par les générations
qui nous ont précédés, pour que l'on s'en souvienne avec reconnais-
sance, quand l'avenir brillant sera là. Les différents traitements de
l'or et de l'argent se réduisent généralement jusqu'aujourd'hui à
moudre et à laver les minerais, et à passer leurs résidus directement aux appareils d'amalgamation.

Pour les minerais d'argent, on emploie le système mexicain ou
allemand d'amalgamation, sans examiner préalablement et par des
procédés scientifiques, quelle est la composition de ces minerais et
s'il n'y a pas lieu de modifier en conséquence leur traitement métallurgique. Cette routine a causé la ruine de beaucoup d'entreprises
établies sur des bases sérieuses.

On rencontre en Colombie des minerais très complexes, présentant des mélanges variés de sulfures, d'arséniures, et d'antimoniures
qui résistent aux divers systèmes employés pour le traitement des

métaux précieux ; c'est pourquoi l'intervention des hommes de science est, en cette occurrence, tout à fait indispensable.

Nous avons déjà dit comment s'établit la fonderie de Tiliribi, où se traitent les minerais du Zancudo. Bien que cet établissement fût déjà prospère, ses propriétaires envoyèrent néanmoins leur directeur aux États-Unis pour y aller étudier les modifications et les perfectionnements réalisables dans le système qu'ils employaient.

D'un rapport daté de New-York, le 2 août 1887, signé par M. Gutierrez et par son associé M. Mainero, nous extrayons ce qui suit :

MM. Gutierrez et Mainero arrivèrent à New-York, le 13 juin 1887, et passèrent dix jours à demander des renseignements et à consulter des ingénieurs des mines. Après mûre réflexion, ils résolurent de confier la solution du problème qui les préoccupait à M. Riotte, homme d'une compétence incontestable, comme métallurgiste et comme chimiste. Après avoir analysé les minerais du Zancudo et avoir fait de nombreux essais, qui durèrent plus d'un mois, M. Riotte découvrit un système simple et peu coûteux pour extraire l'or et l'argent.

Quelques chiffres en diront plus que des explications : on extrait actuellement et mensuellement de la mine 60,000 quintaux de minerais qui sont broyés aux moulins, puis fondus et ont une valeur, au prix moyen de piastre 1,50 le quintal, de 90,000 piastres.

Avec l'outillage que nous possédons, nous retirons des moulins et des fours de 30 à 34,000 pesos, soit environ 40 p. c. de l'or et de l'argent contenus dans les minerais.

Les $ 34,000 équivalent avec la prime de change des traites sur l'étranger (56 p. c.). . . . . $ 53,000 (1)

Frais généraux mensuels 40,000

Bénéfice par mois . . . . . $ 13,000

Pour obtenir ce résultat, il faut entreprendre une campagne qui ne dure pas moins de trois mois ; cette entreprise occupe 1,600 personnes, 2,000 mules et exige de grandes provisions de bois pour les

---

(1) Dans ces derniers mois, la production du Zancudo s'est élevée à 70, 90 et même 100,000 pesos ; cette augmentation provient de ce que le filon, dans une des galeries, a atteint une largeur de 22 pieds et qu'il est devenu plus riche ; les traites sur l'Etranger ont, de plus, subi une hausse très notable.

14 moulins et les nombreuses constructions. Le côté le plus défectueux de notre système, c'est que nous sommes obligés d'avoir différents établissements distants de plusieurs lieues l'un de l'autre et que le directeur ne peut surveiller efficacement.

Examinons maintenant quels seraient les résultats obtenus par l'application du nouveau système :

« Les 60,000 quintaux extraits aujourd'hui de la mine et qui
» valent $ 90,000, produiraient au moins 70 p. c. soit $ 63,000
» Change approximatif sur cette somme au cours de
» 56 p. c. . . . . $ 35,000
                                       ———————
           » Production du mois   98,000

        » A déduire :

» 1,200 quintaux de sel . . . . $ 9,600
» 3,000 livres de vif argent   2,400
» Extraction du minerai et transport aux
» pilons   8,000
» Frais de fonte, etc.   6,000
» Frais et pertes éventuelles provoquées par le
» changement de système.   2,000   28,000

        » Bénéfice mensuel . . . . . $ 70,000
      » Bénéfice obtenu actuellement . . .   13,000
                                     ———————
           » Différence . . . . . $ 57,000

» Soit une augmentation annuelle de $ 684,000.

» Pour en arriver là, il suffira de changer peu à peu le système
» actuel : pour commencer cette transformation, nous amenons avec
» nous un outillage qui nous permettra de traiter 10 tonnes de
» minerai par jour.

» Un des grands avantages de cette nouvelle méthode, c'est que,
» 24 heures après son extraction, le minerai est converti en barres
» d'or et d'argent.

» De plus, on pourra monter en peu de temps deux établissements
» similaires, qui travailleront chacun 50 tonnes par jour.

» Le four que nous ferons construire pour brûler les *jaguas*, sera
» surveillé par deux hommes; il fera en un mois le même travail
» que font les trois fours existants avec 52 ouvriers. Pour finir,
» mentionnons un avantage également très sérieux. Dans le cas où
» les événements politiques nous empêcheraient de nous procurer du
» sel, nous pourrons nous en passer et il ne résultera, de ce chef,

» qu'une augmentation de 15 p. c. dans la perte métallurgique ».

Les progrès que la science a faits, ces dernières années, sont immenses. Si l'homme ne peut rien créer, ni donner la vie organique aux corps, il les décompose, sépare les éléments qui les forme et les réunit de nouveau.

Grâce à la chimie analytique et expérimentale, les Anglo-Américains ont modifié de cent manières différentes la méthode d'amalgamation, suivant les multiples variétés des associations métalliques de l'or et de l'argent. C'est ainsi que le minerai du Zancudo, qui opposait une résistance opiniâtre au mercure, cède maintenant à ce produit et lui abandonne les métaux précieux qu'il contient.

Dans les riches plaines de Alta, Baja et de Vetas, la routine aveugle a lutté pendant trois siècles et s'est retirée vaincue, ne laissant que des décombres. Mais un jour viendra où la science, s'emparant de cette région si riche en métaux, s'y établira triomphante.

Puis viendra le tour des filons du cerro de San-Antón, de la China, du Libano, etc., dans le Tolima, et, quand le soleil du XX⁰ siècle éclairera les cimes des Cordillères, la civilisation règnera en maîtresse dans ces contrées, grâce aux richesses extraites de leur sol.

Les risques sont-ils plus grands dans l'industrie minière que dans les autres industries ?

On parle souvent des risques que courent les capitaux dans l'exploitation des mines, et l'on dit que cette industrie est un jeu honnête, mais dangereux, où les fortunes sont bien exposées.

Les observations que nous avons faites pendant 30 ans nous permettent de formuler, avec entière confiance, cette conclusion : les désastres et les déceptions qu'enregistre l'histoire de nos mines, tout d'abord, ne sont pas aussi nombreux qu'on le croit communément; ensuite, ils doivent être imputés, dans la plupart des cas, à l'ignorance et à l'inexpérience des mineurs.

On a le tort, en Colombie, d'accorder trop de confiance aux indices que présente le sol à sa surface, et il n'est pas rare, sur des présomptions aussi douteuses, de voir commencer des travaux d'exploitation qui, naturellement, aboutissent à la ruine. Peut-on raisonnablement en tirer un argument contre l'industrie minière ? et ne faut-il pas plutôt en rendre responsable la précipitation imprudente de leurs auteurs ?

Après quelques sondages superficiels, après l'essai de quelques
rares échantillons, sans s'assurer au préalable si les veines sont
nombreuses, on se hâte de construire des bâtiments et d'installer des
machines. Quoi d'étonnant, si l'entrepreneur, victime de sa confiance
irraisonnée et de sa folle précipitation, ne voit pas le succès couronner
son entreprise? Il ne peut s'en prendre qu'à lui-même.

La connaissance des lois qui régissent la nature des dépôts métallifères, filons ou alluvions, est la première condition de réussite dans
toute entreprise minière. Cette connaissance ne doit pas se borner à
la surface du sol : l'expérience a démontré que la nature, la richesse
et la quantité d'un minéral varient dans le sein de la terre, soit qu'il
passe d'une espèce de terrain à un autre, soit qu'il y ait changement
dans la configuration du sol. Voilà les renseignements qu'il faut
d'abord connaître, il faut encore que le minéral ait été soigneusement
analysé, et toutes ces recherches préliminaires faites avec la plus
scrupuleuse exactitude, il est indispensable encore de se rendre
compte des frais d'extraction et du bénéfice. Ainsi instruit et armé, si
on procède avec circonspection, si on ne se presse pas de commander
les machines, ni d'établir, dès le principe, des constructions exagé-
rées, on peut être certain que l'on a, de son côté, le plus de chances
possible.

Malheureusement, il existe dans tous les pays riches en minéraux, une maladie mentale, que l'on pourrait appeler la *fièvre
minière;* c'est une véritable hallucination qui nous fait voir partout
des trésors. Cette fièvre s'attaque même aux gens sensés qui ne
perdent jamais leur sang-froid, fût-ce même un instant, dans d'autres
affaires. Elle est mauvaise conseillère et conduit à des désastres irré-
parables. Tantôt on achète des actions de mines à des prix exagérés,
à la nouvelle plus ou moins fondée que l'on a découvert un riche
filon ou que des essais ont donné des résultats surprenants; tantôt on
fait des frais considérables pour fonder des entreprises, sans prendre
la peine de se livrer aux recherches dont nous avons parlé plus haut;
tantôt on intente des procès qui dévorent le capital et qui n'ont parfois
pour objet que des mines imaginaires.

Il convient, de plus, de se méfier des exagérations de certains
rapports, de certaines circulaires, voir même d'articles de journaux,
qui n'ont pour but que de lancer des actions de mines inconnues
jusque-là.

Nous insistons sur tous ces points, parce que, les autres sources
de production de la Colombie étant taries aujourd'hui et le moment
étant venu pour les Colombiens de s'occuper de l'exploitation des

riches minéraux dont leur sol regorge, nous ne voulons pas voir leurs efforts déçus et leurs capitaux gaspillés, faute d'expérience et de jugement. Entre l'enthousiasme excessif et le pessimisme ignorant, il y a un juste milieu, où la froide raison appuyée sur l'expérience évite toute exagération et conduit au succès.

Ce que nous venons de dire s'applique à nos compatriotes. Nous ajouterons quelques mots pour expliquer l'insuccès fréquent des entreprises étrangères en Colombie.

Généralement, elles commencent leurs travaux en les grèvant de grands capitaux fictifs qui sont répartis entre les promoteurs et les courtiers ; ensuite, par une déplorable erreur, elles ne tiennent pas compte des circonstances particulières du pays.

On envoie, dès l'abord, une foule d'employés et d'ouvriers, on dépense beaucoup d'argent pour leurs frais de transport, leurs appointements excessifs et leur subsistance. Une fois établi dans le pays, ce personnel devient souvent exigeant, s'adonne à l'ivresse et cause mille embarras aux entrepreneurs. De plus, sans songer que la plupart de nos chemins sont étroits, montueux, difficiles et qu'on n'y peut passer qu'avec des charges d'un poids limité, on expédie de lourdes machines, dont les pièces viennent échouer sur les bords de nos fleuves. Dans beaucoup de localités, on rencontre de ces masses de fer, témoins muets d'insuccès dus à l'imprévoyance. On commet encore une autre erreur, c'est celle de bâtir des constructions coûteuses pour y vivre avec tout le comfort possible, oubliant que l'économie est un élément essentiel de réussite dans les entreprises industrielles.

Enfin, nous avons connu et on nous a cité des ingénieurs, envoyés en Colombie pour y faire des explorations, qui ne savaient ni se servir de la boussole, ni distinguer les minéraux entre eux, encore moins les essayer.

Que de millions gaspillés ainsi par des étrangers et dire que, s'ils avaient été employés avec intelligence et économie, ils auraient produits de magnifiques résultats !

Terminons ces considérations par quelques conseils à ceux qui auraient l'intention de venir exploiter nos mines. On trouve facilement et pour un salaire modique, dans le pays, des ouvriers dociles, forts et intelligents. Dans le département d'Antioquia, il y a d'excellents travailleurs. On doit donc se borner à faire venir des directeurs pour apprendre aux Colombiens toutes les opérations de l'industrie minière. On sera souvent surpris de la facilité avec laquelle beaucoup de nos ouvriers se mettent au courant des progrès industriels et se perfectionnent dans les métiers au point de pouvoir diriger de grandes entreprises. Le grand établissement métallurgique du Zancudo a pour directeur un Colombien, M. Gutierrez; un autre Colombien, M. José M. Barreneche, a été pendant quelques années directeur des mines de la Compagnie anglaise du Frontino et Bolivia.

Un modeste ouvrier d'Antioquia, M. Isidore Cardona, a dirigé avec succès les travaux de barrage du fleuve Nus.

Les ingénieurs étrangers, entre autres, MM. Fowles, Greiffenstein, Gledhill, Gifford, qui ont dirigé des mines, avec tant de succès, soit pour leur compte, soit pour celui d'autrui, ont, de préférence, employé des mineurs du pays. M. A. Moulle abonde dans notre sens. En parlant du département d'Antioquia, voici ce qu'il dit, et on peut l'appliquer également aux centres miniers du Cauca et de Tolima.

« Le personnel ouvrier des mines est excellent; il peut être
» comparé à un personnel européen ordinaire, et il lui est supérieur
» comme assiduité et régularité. On trouve en Antioquia des mineurs,
» des manœuvres, des charpentiers, des forgerons, etc. Le personnel
» secondaire est également bien représenté: il jouit d'une grande
» réputation de probité, justement méritée. Le contre-maître colom-
» bien est très intelligent; il a le plus vif désir d'apprendre et
» connaît les caractères particuliers de ses mines, grâce à une expé-
» rience transmise de génération à génération. »

L'ordre, l'économie, la prudence doivent présider à tous les travaux de mines pour éviter la dépense improductive des capitaux et les désastres qui en seraient la conséquence. Il ne faut pas oublier qu'en abandonnant le comfort et les jouissances de la vie européenne pour chercher fortune dans un pays nouveau, on doit se faire aux usages de la localité où l'on va s'établir, et savoir même s'imposer quelques privations.

Rien n'est plus nécessaire, enfin, pour fonder une entreprise indus- trielle, que de commencer par une étude sérieuse des conditions du pays et des circonstances particulières de l'affaire. On ne doit songer à faire venir les machines que lorsque tout a été déterminé avec précision.

Le gouvernement espagnol et l'industrie minière.

Des écrivains du pays et du dehors ont souvent reproché au gou- vernement espagnol de ne pas avoir protégé l'industrie minière. L'impartialité nous oblige à dire que ce reproche n'est nullement fondé et qu'aucune industrie, dans l'ancien vice-royaume de Grenade, n'a été plus stimulée et encouragée. A différentes reprises, le gouvernement publia des ordonnances protégeant la propriété des mines et les droits des mineurs.

On a dit que le gouvernement espagnol était propriétaire des mines de la Colombie, et que le produit des mines d'argent figurait parmi les recettes de la colonie. Voici ce qu'il y a de vrai dans cette allégation :

Dès l'abord les mines étaient considérées comme faisant partie du domaine de la Couronne, celle-ci les cédait en toute propriété à ceux qu'elle voulait récompenser. Le gouvernement ne fit exploiter quelques mines que dans l'intention de donner l'exemple et d'encourager l'exploitation des autres. A cet effet, il envoya en Colombie, à différentes reprises, des mineurs et des minéralogistes expérimentés, afin, dit le décret royal de 1783, « de stimuler le travail des mines » si riches et si nombreuses que renferme cette précieuse partie de » l'Amérique, et afin que les mineurs acquissent l'instruction » nécessaire pour exercer leur industrie avec le plus grand profit et » éviter les difficultés et les tâtonnements fréquents jusqu'alors. »

Le gouvernement actuel a adopté deux importantes mesures en faveur de l'industrie des mines : la loi de 1846, permettant l'exportation de l'or monnayé, et celle de 1851 supprimant l'impôt de 5 p.c. sur la production d'or (*quinto de oro*), dont l'origine remontait à la domination espagnole.

Renseignements de M. Ildefonso Gutierrez de Lara
sur la Société du Zancudo.

On comprend sous la dénomination de Société du Zancudo, non seulement la mine de ce nom et la fonderie de Sabaletas, mais aussi la fonderie de Sitio-viejo et ses mines (ancienne fonderie de Titiribi), la mine de los Chorros, etc.

Cette exploitation emploie pour la trituration de ses minerais, etc., 202 pilons, mus par l'eau, broyant par mois de 70 à 80,000 quintaux de minerais.

Les minerais sont calcinés tout d'abord dans des fours à reverbère, dont 16 sont toujours en activité.

La première fonte se fait ensuite dans de grands fours à reverbère, d'après le système en usage dans le pays de Galles ; 7 de ces fours fonctionnent constamment.

Il y a pour l'imbibition huit fours du système de Freiberg, et un du système Piez ; la ventilation nécessaire leur vient de différents ventilateurs en bois mus par des roues hydrauliques.

On emploie pour la coupellation trois fours avec creuset fixe, système allemand

Les minerais se divisent en cinq classes, suivant la quantité de sulfures métalliques et de gangues terreuses (surtout le quartz) qu'ils contiennent :

	Quartz		Sulfures métalliques
Jaguas	50 p. c.	et	50 p. c.
Scheiderz	70 —		30 —
Bayelas	40 —		60 —
Moles	30 —		70 —
Schlamm	80 —		20 —

La richesse moyenne de ces minerais en or et en argent est :

Pour les Jaguas	0.005 p. c. d'or et	0.075 p. c. d'argent
— Scheiderz	0.007 —	0.156 —
— Bayetas	0.010 —	0.165 —
— Moles	0.068 —	0.096 —
— Schlamm	0.002 —	0.057 —

La production annuelle est de 38 à 40 arrobes (l'arrobe a 25 livr.) d'argent aurifère et de plus de 25 livres d'or.

L'argent provenant des minerais du Zancudo contient ordinairement 7 p. c. d'or, et celui des minérais de los Chorros de 3 à 4 p. c. seulement.

La production mensuelle a une valeur de	40,000 pesos
Les frais d'exploitation s'élèvent par mois à	25,000 —
Bénéfice	15,000 —

Cette production augmentera à mesure que l'exploitation se développera ; les appareils que nous possédons peuvent travailler, avec une très petite augmentation de frais, environ 25 p. c. en plus de minerais qu'ils n'en traitent aujourd'hui.

Sabaletas, 20 février 1884 (1).

---

(1) La production brute en dix années (de 1876 à 1885), a atteint une valeur de 2,952,900 dollars : l'or entre dans ce chiffre pour 1,893,690 doll., et l'argent pour 1,059,210 dollars. La production annuelle est montée graduellement de 188,224 dollars (en 1876) à 411,279 dollars (en 1885). Ces chiffres représentent la valeur réelle de l'or et de l'argent, sans tenir compte de la prime de change.

PROLOGUE ET ÉPILOGUE

Tout bien considéré, la situation économique de la Colombie est loin d'être désespérée. Un pays renfermant, comme le nôtre, tant de richesses naturelles, ne peut en arriver là.

L'activité industrielle a changé de direction d'une manière insensible, mais constante, attirée par les stimulants qu'offre à l'effort humain la facilité de production avec peu ou point de capital. Ce changement de direction est facile à observer, si l'on compare les époques et les usages qui exercent tant d'influence sur la capacité productive d'une communauté. On se rappelle encore le temps où l'industrie minière occupait le premier rang en Colombie, et où nous payions en or presque exclusivement nos importations.

L'abondance du précieux métal était telle que le change en monnaie d'argent donnait lieu à perte.

Mais le progrès, les industries et les nouvelles inventions devaient faire connaître les autres produits naturels dont notre sol est si riche, et le caoutchouc, le quinquina, le tabac, le coton, détournèrent des mines les bras et les capitaux ; en effet, ces produits, au début de leur exportation vers les marchés étrangers, avaient atteint des prix bien plus rémunérateurs, et pour le patron et pour l'ouvrier, que le travail des métaux, dont la fluctuation de valeur est toujours peu sensible.

Cette époque de transition a duré un demi-siècle ; elle nous a fait perdre de vue l'avenir véritable de la Colombie, qui est celui des pays aurifères ; nous avons lâché la proie pour l'ombre et nous payons aujourd'hui bien cher notre erreur.

Les produits de l'agriculture ne pouvaient conserver leur prix de monopole. La concurrence devait, tôt ou tard, amener sur le marché des produits similaires, obtenus, avec moins de frais, dans des pays topographiquement mieux situés et mieux fournis en capitaux ; deux conditions contre lesquelles notre industrie rudimentaire ne peut lutter.

A la période prospère de notre commerce, quand nous échangions, il y a environ 12 ans, le caoutchouc, la quinine, le tabac, etc., contre nos importations, a succédé la crise que nous traversons aujourd'hui et qui a donné naissance à l'agio actuel, ruineux pour le consommateur.

La situation, certes, est critique, et comme les causes qui l'ont provoquée ne sont pas de nature transitoire, nous ne pouvons espérer la voir s'améliorer, aussi longtemps que nos principaux produits ne pourront pas lutter avec la concurrence sur les marchés étrangers.

Dans ces conditions, le remède radical est le retour à l'industrie minière, dont nous pouvons offrir les produits sans devoir craindre ni mécompte, ni concurrence; l'or que nous avons en abondance, outre qu'il n'est pas sujet à de sensibles fluctuations, a une tendance à la hausse, non seulement parce que son emploi comme monnaie est devenu universel, mais parce qu'il reçoit des applications de plus en plus nombreuses dans l'industrie.

Nous avons donc chez nous le remède au mal. Et puisque nous ne pouvons rien attendre de l'industrie ni de l'agriculture, arrachons à la terre ses trésors et soyons de nouveau les pourvoyeurs d'or du Vieux Monde, comme nous l'avons été, il n'y a pas longtemps. Notre gouvernement prévoyant a très bien compris que l'avenir de la Colombie, de même que son développement économique, se trouvent dans nos propres mains; que l'énergie et les capitaux étant ce qui nous fait défaut pour cette œuvre de régénération, il faut engager les capitaux étrangers inactifs — qui se contentent parfois de 3 ou 4 p. c. d'intérêt, et ne trouvent pas encore à se placer tous — à s'intéresser d'une façon beaucoup plus lucrative à l'exploitation des richesses minérales inépuisables de notre sol.

Ces richesses sont pour la plupart abandonnées, alors qu'elles devraient aiguillonner notre activité et nous engager à sortir de la pauvreté volontaire dans laquelle nous végétons. Des idées neuves, de l'énergie, des capitaux, tels sont les facteurs du problème qu'il s'agit de résoudre pour élever la Colombie au rang qu'elle doit occuper dans le monde économique.

Il est évident que l'absence de sécurité, si préjudiciable à tout travail qui exige du temps pour son développement fécond, a arrêté net dans son essor notre industrie minière. Combien nous a coûté, rien que dans le département d'Antioquia, cette absence de sécurité, à l'époque de nos nombreuses guerres civiles! Si on les additionnait, les pertes atteindraient un chiffre énorme. Dans le département du Cauca, c'est l'abolition de l'esclavage et les troubles politiques qui ont réduit à de minimes proportions le travail des mines; dans le département du Tolima, autre terre promise, ce n'est que d'hier et grâce à l'initiative du général Casabianca, que date l'exploitation des mines d'or.

Nous en avons l'intime conviction, bientôt capitaux et direction intelligente viendront à nous, et ces éléments fécondés par les nouvelles méthodes de travail et d'affinage feront entrer la Colombie dans la voie du progrès et de la prospérité.   RAFAEL NUÑEZ.

RÉSUMÉ DE LA PRODUCTION DES MINES D'OR EN ANTIOQUIA EN 1888

	MINES DE FILONS			MINES D'ALLUVIONS		
	Nombre de mines en exploitation	Nombre d'ouvriers	Production annuelle en livres	Nombre de mines en exploitation	Nombre d'ouvriers	Production annuelle en livres
Centre	70	2,110	1,876	67	617	587
Nord	159	4,902	4,102	347	3,529	3,307
Sud	30	530	472	18	222	154
Est	34	561	266	30	230	266
Ouest	11	285	438	16	444	199
	304	8,388	7,154	478	5,042	4,513

Production des mines de filons . . . . . 7,154 livres
»   »   d'alluvions . . . . 4,513 »

Total. . . . . . . 11,667 livres.

La production de l'argent a été de 15,443 livres.

VALEUR DES MÉTAUX PRÉCIEUX EXPÉDIÉS PAR L'ADMINISTRATION DES POSTES DU DÉPARTEMENT DE L'ANTIOQUIA
pendant les années 1887. 1888 et 1889 (1)

ANNÉES	BARRES D'OR ET D'ARGENT	PLATINE	OR EN POUDRE	MONNAIES D'OR	MONNAIES D'ARGENT
1887	$ 2,837,104	880	. . . . . .	1,210	$ 413,955
1888	3,271,064	1.747	1,520	1,969	220,980
1889	3,048,034	2.965	3,580	657	6,500
	$ 9,156,202	5,592	4,900	3,836	$ 641,235

(1) *Diario official*, 10 août 1890.

Valeur approximative de l'or et de l'argent extraits des mines du Département du Cauca
pendant les années 1887, 1888 et 1889 (1)

PROVINCES DE PRODUCTION	DISTRICTS	ANNÉES			PRODUCTIONS PARTIELLES	TOTAUX
		1887	1888	1889		
Barbacoas . . .	. . . .	s 300,000	300,000	300,000	. . . .	900,000
Buenaventura. . .	. . . . . .	75,514	73,470	70,629	. . . .	219,613
Caldas . . .	. . . .	12,600	14,400	12,600	. . . .	39,600
Popayan . . .	. . . . . .	14,100	14,100	14,100	. . . .	42,300
Quindio . . .	Pereira . . .	28,000	28,000	28,000	84,000	
	Santa-Rosa . .	10,000	10,000	10,000	30,000	
	San-Francisco. .	10,800	10,800	10,800	32,400	
	Maria . . .	125,000	109,000	102,000	336,000	
	Salento . . .	32,356	32,356	32,356	97,068	579,468
San-Juan . . .	. . . . . .	125,857	122,450	117,715	. . . .	366,022
Santander. . .	. . . . . .	74,880	74,880	74,880	. . . .	224,640
Toro (argent) . .	. . . . . .	160,000	160,000	160,000	480,000	
Id. (or) . .	. . . . . .	525,770	525,770	525,770	1,577,310	2,037,310
		s 1,494,877	1,475,226	1,458,850		4,428,953

Les renseignements concernant la production des provinces de Atrato et de Caquetá manquent.

(1) *Diario oficial*, 10 août 1890.

TABLEAU

des mines en exploitation dans le Département du Tolima, avec indication de la valeur approximative de l'or et de l'argent extraits pendant les années 1887, 1888 et 1889 (1)

NOMS DES MINES	LOCALITÉS	ANNÉES					
		1887		1888		1889	
		Or	Argent	Or	Argent	Or	Argent
Tulcan	Soledad	S 3,000		3,000		3,000	
La Torre de S. Isidro.	»			1,100			
Frias	Guayabal		50,000		90,000		110,000
Mine du district de	Victoria	5,000		6,000		12,500	
» »	Fresno	50,500		50,500		50,500	
El Gallo	Ibagué	10,000		40,000		40,000	
La Victoria	»	3,500		3,500		3,000	
La Merced	»	25,000		15,000		10,000	
Pollos.	»	1,500		1,500		2,000	
El Recreo	»	2,500		2,500		5,000	
San José	»	500		500		1,000	
La Veta	»	15,000		15,000		20,000	
Mines de Oritá	Mariquita			39,000		23,000	
Malpaso	»	100,000	116	100,000	116	100,000	118
Milla	»	1,500		1,500		1,500	
Cristo	Santa Ana		19,636				50,796
Calamonte	»		8,180				49,215
La Charca	Chaparral	100,000		100,000	35,500	100,000	
Silencio	Neiva				1,012		1,012
		S 318,000	78,232	379,100	125,616	372,512	240.129

Ce tableau est incomplet, les renseignements qui manquent n'étant pas parvenus à temps au ministre de Fomento.

(1) *Diario oficial*, 10 août 1890.

TABLEAU

des exportations de minéraux en 1890, par le port de Baranquilla.

Or monnayé	valeur $	58,811 30
Argent monnayé . . .	»	412.252 30
Or brut	»	2,499.523.37
Argent brut.	»	855,146.25
Bijoux	»	25,371.50
Minerais	»	636,338.50
		$ 4,487.443.22

TABLEAU

de l'exportation de l'or et de l'argent par le port de Cartagena, en 1889 et 1890.

1889	Argent monnayé. . . .	612 kil.	$	27,491
	Or en poudre	402 »		318,491
1890	Argent monnayé. . . .	6,405 kil.	$	226,426
	Or »	444 »		94.781
	Or en poudre	299 »		236,849

TABLE DES MATIÈRES